# 一口气读懂 心理常识

本书编写组 ◎ 编

世界图书出版公司
广州·上海·西安·北京

图书在版编目（CIP）数据

一口气读懂心理常识 /《一口气读懂心理常识》编写组编著. —广州：广东世界图书出版公司, 2010.2（2021.11重印）
ISBN 978-7-5100-1545-8

Ⅰ. ①一… Ⅱ. ①一… Ⅲ. ①心理学－青少年读物 Ⅳ. ①B84-49

中国版本图书馆 CIP 数据核字（2010）第 024761 号

| | |
|---|---|
| 书　　名 | 一口气读懂心理常识<br>YI KOU QI DU DONG XIN LI CHANG SHI |
| 编　　者 | 《一口气读懂心理常识》编写组 |
| 责任编辑 | 贺莎莎 |
| 装帧设计 | 三棵树设计工作组 |
| 责任技编 | 刘上锦　余坤泽 |
| 出版发行 | 世界图书出版有限公司　世界图书出版广东有限公司 |
| 地　　址 | 广州市海珠区新港西路大江冲 25 号 |
| 邮　　编 | 510300 |
| 电　　话 | 020-84451969　84453623 |
| 网　　址 | http://www.gdst.com.cn |
| 邮　　箱 | wpc_gdst@163.com |
| 经　　销 | 新华书店 |
| 印　　刷 | 三河市人民印务有限公司 |
| 开　　本 | 787mm×1092mm　1/16 |
| 印　　张 | 13 |
| 字　　数 | 160 千字 |
| 版　　次 | 2010 年 2 月第 1 版　2021 年 11 月第 8 次印刷 |
| 国际书号 | ISBN 978-7-5100-1545-8 |
| 定　　价 | 38.80 元 |

版权所有　翻印必究

（如有印装错误，请与出版社联系）

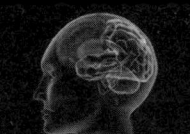

# 前　言

　　作为一门科学，尽管心理学产生的时间并不长，但是心理学的起源却很早。最初心理学是从哲学中分离而来的一门科学，所以心理学也是一门古老的学科。从很早的古典哲学思想里，我们就可以找到心理学的影子。在早期的哲学和宗教里，人们所探讨过的身、心牵连以及人的心理摸底等，都属于心理学范畴。

　　文艺复兴以来，英国的培根、霍布斯、洛克等大师科学地改变了被误解的心理学思想，促进了心理学的产生和发展。培根的归结科学门径论、霍布斯提出人类心理摸底来源于外部世界、洛克最早提出联想的见解、拉梅特里把人说成是一架机器等等，尽管在现在看来这些理论多少都存在一定的局限，但不可否认，它们都推动了心理学的发展。自从德国心理学家冯特在莱比锡创办了世界上第一个心理学实验室之后，心理学终于从哲学中脱离成为一门独立的学科。

　　心理学是研究人类心理现象发生、发展和发展规律的学科。那么，什么是人类心理现象呢？实际上人的心理现象是多种多样的，而且它们之间的关系非常复杂。心理现象就如人类的呼吸一样无时无刻不在发生着，因而心理现象也是每个处于清醒状态的人所熟悉的。

　　人在一切活动中所产生的心理活动都是心理现象。比如我们看

电视时，听到电视中优美的音乐、看到壮丽的山水而有所思；我们吃饭时，闻到饭的气味儿感觉很香、很甜；我们对看过的电视片段还能"历历在目"，这些都是心理现象，都属于心理学所研究的内容。

如今，随着社会的不断发展，人们已经将精神生活看得非常重要，而生活的快节奏也给人们带来了越来越多的心理问题，因此，心理学就变得尤其重要。本书从常识出发，从心理学的各个分支学科入手，对古今心理学知识进行系统的整理概括。我们希望能够让大家通过掌握一些心理学的基本理论，帮助人们解决心理问题。

此外本书还对各个分支学科中可能出现的心理现象作了简单的汇总，对心理学在商业、医学、司法、教育等领域的具体运用做了一一阐述。另外，本书对心理学中所积累的各种有趣又有哲理性的心理学效应问题做了汇总。

当然，心理学的内容博大精深，鉴于编者的知识有限，仅能尽自己的能力尽可能多地汇总、编辑心理学方面的相关基础知识来贡献给广大读者，若广大读者阅读完本书后有所收获就是编者最大的欣慰。

# 目　　录

## 普通心理学篇

什么是普通心理学？ ……………………………………… 3
普通心理学是怎么分类的？ ……………………………… 4
感觉和知觉分别是什么？ ………………………………… 4
感觉和知觉有什么关系？ ………………………………… 5
什么是情感心理学？ ……………………………………… 6
情感与情绪有什么关系？ ………………………………… 6
什么是情绪效应？ ………………………………………… 7
什么是气质心理学？ ……………………………………… 8
人的气质可以分为哪几种类型？ ………………………… 9
什么是人格心理学？ ……………………………………… 10
人格心理学理论分为哪几种？ …………………………… 11
意识可以分为哪几类？ …………………………………… 12
什么是个性心理学？ ……………………………………… 13
什么是动机心理学？ ……………………………………… 14
心理学的研究内容是什么？ ……………………………… 15
研究心理学有哪些方法？ ………………………………… 16
研究心理学有什么意义？ ………………………………… 18

**生理心理学篇**

什么是生理心理学？ ……………………………………… 21
生理心理学是怎样发展起来的？ ………………………… 21
什么是神经心理学？ ……………………………………… 23
什么是心理生物学？ ……………………………………… 24
生物心理学的主题范围有哪些？ ………………………… 25
什么是动物心理学？ ……………………………………… 25
什么是躯体感觉？ ………………………………………… 26
什么是触觉？ ……………………………………………… 28
什么是温度觉？ …………………………………………… 29
什么是痛觉？ ……………………………………………… 30
什么是视觉？ ……………………………………………… 31
什么是听觉？ ……………………………………………… 32
什么是味觉？ ……………………………………………… 33
什么是嗅觉？ ……………………………………………… 35
什么是多动症？ …………………………………………… 36
什么是记忆？ ……………………………………………… 37

**社会心理学篇**

什么是社会心理学？ ……………………………………… 43
什么是民族心理学？ ……………………………………… 44
民族心理学是怎么发展起来的？ ………………………… 45
民族心理学与普通心理学有什么关联？ ………………… 46

什么是自我? …………………………………… 47

什么是自我实现? ……………………………… 48

怎样才能做到自我实现? ……………………… 49

什么是社会行为? ……………………………… 50

什么是态度? …………………………………… 52

什么是应用社会心理学? ……………………… 53

什么是环境心理学? …………………………… 54

什么是人际关系? ……………………………… 55

什么是从众心理? ……………………………… 57

## 变态心理学篇

什么是变态心理学? …………………………… 61

变态心理学是怎么发展起来的? ……………… 62

变态心理学如何判定? ………………………… 62

什么是精神分裂? ……………………………… 63

什么是精神障碍? ……………………………… 64

什么是感觉障碍? ……………………………… 65

什么是注意障碍? ……………………………… 66

什么是思维障碍? ……………………………… 67

什么是情感障碍? ……………………………… 69

情感障碍有哪些表现? ………………………… 70

什么是意志障碍? ……………………………… 71

什么是行为障碍? ……………………………… 72

什么是意识障碍? ……………………………… 74

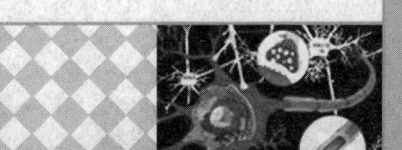

什么是人格障碍？ ················· 75

人格障碍可以分为哪几类？ ············ 76

什么是幻觉？ ···················· 78

什么是恐惧症？ ·················· 79

什么是强迫动作？ ················· 80

什么是失眠？ ···················· 81

## 发展心理学篇

什么是发展心理学？ ················ 87

发展心理学的研究任务是什么？ ·········· 87

发展心理学有哪些研究方法？ ··········· 88

什么是精神分析法？ ················ 90

什么是青春期？ ·················· 91

什么是幼儿心理学？ ················ 92

什么是学龄儿童心理学？ ············· 92

什么是少年心理学？ ················ 93

什么是老年心理学？ ················ 93

什么是习得性无助效应？ ············· 94

什么是迁移效应？ ················· 95

什么是逆向思维？ ················· 96

逆向思维有什么特点？ ··············· 97

什么是思维定势？ ················· 98

思维定势有什么作用？ ··············· 99

什么是投射效应？ ················· 99

你知道中国幸福学中的幸福公式吗? ………………………… 100

什么是幸福递减定律? …………………………………………… 102

## 教育心理学篇

什么是教育心理学? ……………………………………………… 107

教育心理学的研究任务是什么? ………………………………… 107

教育心理学有着怎样一个产生发展的过程? …………………… 108

教育心理学有哪些研究方法? …………………………………… 110

什么是学习? ……………………………………………………… 111

早期学习的意义是什么? ………………………………………… 112

什么是自信心? …………………………………………………… 113

什么是创造性思维? ……………………………………………… 114

创造性思维有哪几种形式? ……………………………………… 115

当问题无法解决时应该怎么做? ………………………………… 117

墨守成规有什么不好? …………………………………………… 118

信息反馈有什么好处? …………………………………………… 119

## 应用心理学篇

什么是应用心理学? ……………………………………………… 123

什么是工业心理学? ……………………………………………… 123

什么是管理心理学? ……………………………………………… 123

什么是工程心理学? ……………………………………………… 124

什么是人事心理学? ……………………………………………… 125

什么是消费心理学? ……………………………………………… 125

什么是运动心理学？ …………………………………… 126

什么是康复心理学？ …………………………………… 127

什么是临床心理学？ …………………………………… 127

什么是咨询心理学？ …………………………………… 128

心理咨询主要有哪些方法？ …………………………… 129

什么是人际知觉？ ……………………………………… 132

什么是人际沟通？ ……………………………………… 133

什么是人际吸引？ ……………………………………… 134

冲突可以分为哪几种类型？ …………………………… 135

什么是管理？ …………………………………………… 137

什么是能力？ …………………………………………… 138

## 司法心理学篇

什么是司法心理学？ …………………………………… 143

什么是犯罪心理学？ …………………………………… 143

犯罪心理学的研究对象是什么？ ……………………… 144

犯罪心理学的研究分为几个基本步骤？ ……………… 145

犯罪心理学是怎么发展起来的？ ……………………… 146

什么是审判心理学？ …………………………………… 147

审判心理学是怎么发展起来的？ ……………………… 148

青少年是怎样走上犯罪之路的？ ……………………… 149

怎样预防青少年犯罪？ ………………………………… 150

家庭暴力有什么危害？ ………………………………… 151

家庭暴力产生的主要原因有哪些？ …………………… 153

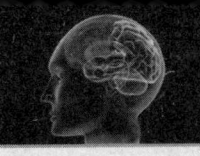

被害人有哪些特性？ ………………………………………… 154

如何进行犯罪心理矫正工作？ ……………………………… 155

什么是恐怖主义？ …………………………………………… 156

## 心理效应篇

什么是霍桑效应？ …………………………………………… 161

什么是齐氏效应？ …………………………………………… 162

怎么理解环境与心理暗示？ ………………………………… 163

什么是颜色定律？ …………………………………………… 164

什么是心理摆效应？ ………………………………………… 166

怎么理解潜意识与心理疾病的关系？ ……………………… 167

生活中如何正确地利用潜意识？ …………………………… 168

什么是时间错觉定律？ ……………………………………… 169

什么是叶克斯—道森定律？ ………………………………… 170

什么是睡眠效应？ …………………………………………… 172

什么是晕轮效应？ …………………………………………… 172

晕轮效应是怎么来的？ ……………………………………… 174

什么是苏东坡效应？ ………………………………………… 175

什么是巴纳姆效应？ ………………………………………… 176

什么是认知失调理论？ ……………………………………… 178

什么是卢维斯定理？ ………………………………………… 180

什么是布利丹效应？ ………………………………………… 181

什么是路径依赖原理？ ……………………………………… 182

什么是酸葡萄心理？ ………………………………………… 184

什么是出丑效应？…………………………………184

什么是视网膜效应？………………………………186

什么是鸟笼效应？…………………………………188

什么是蔡戈尼效应？………………………………189

什么是希望效应？…………………………………190

什么是马太效应？…………………………………191

什么是禁果效应？…………………………………191

什么是蝴蝶效应？…………………………………192

什么是恐惧心理？…………………………………193

什么是刺猬效应？…………………………………194

什么是蜕皮效应？…………………………………196

# 普通心理学篇

### 什么是普通心理学？

普通心理学是研究心理学基本原理和心理现象的一般规律的心理学。它是所有心理学分支学科的基础，是心理学专业学生入门的第一门专业基础课程，也是非专业人士应该了解的心理学知识的概括。

心理学涉及的范围非常广，因此产生了很多分支学科，每一分支学科都分别从不同的角度来研究各种心理现象。但是，任何一个分支都离不开对心理和心理现象的总的看法，如心理学研究的对象是什么，怎样研究心理学以及这些心理现象是否有一些规律等。这些就构成了普通心理学。普通心理学的内容主要是对心理学一般理论问题的阐述，及对心理学基本原理的研究。它的研究成果是其他分支的基础，对其有着重大的意义。

在普通心理学中，它的内容主要包括两个方面，即心理学基本原理与心理现象一般规律的研究。心理学基本原理的研究又分为两类：一类称为心理学的哲学问题，它的研究以心理的实质问题为核心，研究心理学与各个方面的关系，如心理与客观现实的关系，心理与脑、与社会、与实践的关系，还涉及心理活动是否有遵循的规律等；另一类的研究是以心理的结构问题为核心，包括心理活动的层次组织、心理现象的分类，如各种心理现象的联系等。这两类研究互相联系构成一个整体，统称为心理学的方法论问题。

在近代心理学史上，出现过很多重要的心理学思潮。例如早期的构造心理学、机能心理学，以及行为主义心理学、精神分析、格式塔心理学和巴甫洛夫学说等。它们对心理学的基本原理都有不同

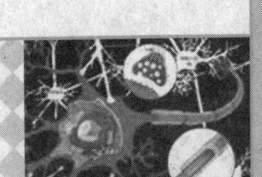

的论述，对心理学的发展也产生了重大的影响。

## 普通心理学是怎么分类的？

在普通心理学的范围内，按照心理活动的基本过程和个性心理特征，还可分为感觉（视觉、听觉、触摸觉、运动觉、嗅味觉等）心理学、知觉心理学、情绪心理学、气质心理学、人格心理学等分支基础学科。

## 感觉和知觉分别是什么？

日常生活中，我们经常会提到"感觉"这个词，比如"我对她感觉很好""我感觉这首歌特别委婉动听"等等，这里的"感觉"的意思是"觉得""认为"，与心理学的专有名词"感觉"的意思不尽相同。在心理学中，感觉指人脑对直接作用于感觉器官事物的个别属性的反映。

客观事物具有许多个别属性，这些个别属性在人脑中的反映就是感觉。比如，我们可以通过眼睛感受事物的颜色，称之为视觉；通过耳朵聆听大自然的声音，称之为听觉；通过鼻子闻到不同的味道，称之为嗅觉；通过皮肤触及事物感觉它的坚硬柔软，称之为触觉……感觉是最简单的心理过程，是各种复杂心理过程的基础。

任何一种感觉，反映的是事物的个别属性，当我们把对事物的每一个个别属性加以综合时，就产生了对事物全面整体的反映，这就是知觉。知觉是人脑对直接作用于感觉器官的事物的整体反映，是对感觉信息的组织和解释过程。

在生活中，我们很少会产生孤立的感觉，因为我们总是要把对

事物的各种感觉信息综合起来，并根据自己的经验来理解事物。也就是说，我们通常是以知觉的形式来反映事物的各个属性的。例如，我们看到的黄色，不是脱离具体事物的黄色，而是向日葵的金黄，或黄花、黄衣、黄车等等的黄色；对于听到的声音，我们总是知觉为说话声、嬉闹声或流水声等有意义的声音。

## 感觉和知觉有什么关系？

感觉和知觉既有区别，又有联系。

感觉反映的是事物的个别属性，知觉反映的是事物的整体，即事物的各种不同属性、各个部分及其相互关系；感觉仅依赖个别感觉器官的活动，而知觉依赖多种感觉器官的联合活动，反应的是一个整体的效应。可见，知觉比感觉复杂全面。所以说感觉和知觉是不同的心理过程。

感觉和知觉也有相同的一面。它们都是对直接作用于感觉器官的事物的反映，当然如果这种外界的作用力一旦停止，那么我们的感觉器官也将停止对事物的反应。感觉和知觉都是人类认识世界的初级形式，反映的是事物的外部特征和外部联系。如果要想揭示事物的本质特征，光靠感觉和知觉是不行的，还必须在感觉、知觉的基础上进行更复杂的心理活动，如记忆、想象、思维、创造等。

知觉是在感觉的基础上产生的，没有感觉，也就没有知觉。感觉积累起来就形成了我们对事物整体的知觉。我们感觉到的事物的个别属性越多、越丰富，对事物的知觉也就越准确、越完整，但知觉并不是感觉的简单累加，因为在知觉过程中，还有人的主观经验在起作用，人们要借助已有的经验去感知所获得的当前事物的感觉

信息，然后将其融合，从而对当前事物作出正确识别。

## 什么是情感心理学？

情感是态度中的一部分，它与态度中的内向感受、意向具有协调一致性，是态度在生理上一种较复杂而又稳定的生理评价和体验。情感包括道德感和价值感两个方面，具体表现为喜爱、难过、幸福、憎恨、厌恶等等。

情感心理学又称"情绪心理学"，是心理学的一个分支，是研究情绪和情感活动规律的学科。自科学心理学诞生以来，情感一直是心理学研究的重要课题。冯特和铁钦纳都有不同的学说：冯特把情感视为心理的两大元素之一，并提出感情三度说；而铁钦纳则把感情归结为愉快、不愉快这两个极性。1884年和1885年美国心理学家詹姆斯和丹麦心理学家朗格几乎同时提出著名的"詹姆斯—朗格情绪说"，即情绪是对外界事物所引起的身体变化导致的心灵的感知。

## 情感与情绪有什么关系？

《心理学大辞典》中认为："情感，是人对客观事物是否满足自己的需要而产生的态度体验。"一般普通心理学课程中还认为："情绪和情感都是人对客观事物所持的态度体验，只是情绪更倾向于个体基本需求欲望上的态度体验，而情感则更倾向于社会需求欲望上的态度体验。"这个结论仍具有一定的不足，它一方面将大家公认的喜爱、快乐、美感等等，较具有个人化而缺少社会性的感受排斥在情感之外，全部归之于情绪；而另一方面又显然忽视了情绪感受上的喜、怒、忧、思、悲、恐、惊和社会性情感感受上的爱情、友谊、

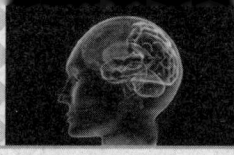

爱国主义情感在行为过程中所产生的汇聚现象。例如一个人，追求爱情体现的是社会性的情感，但在这个过程中，随着行为过程的变化同样也会有各种各样的情绪感受，而爱情感受的稳定性和情绪感受的不稳定性，又显然表明了爱情和相关情绪是不一样的。根据这两点，将情感与情绪以基本需要、社会需求区别划分，或者是将情感和情绪这两者混为一谈显然都是不合适的。

在行为过程中情感和情绪的区别就在于：情感是指对行为目标的生理评价反应，而情绪是指对行为过程的生理评价反应。再拿爱情举例来说，当我们产生爱情时是有目标的，我们的爱情是对相应目标的一种生理上的评价和体验，随着爱情这一需求的加强，就会不断地引发行为过程中的喜怒哀乐等不同的情绪反应。

## 什么是情绪效应？

所谓情绪效应是指一个人的情绪状态可以影响到对某一个人今后的评价。特别是在第一印象形成过程中，主体的情绪状态更具有非常重要的作用，第一次接触时，主体的喜怒哀乐对于对方关系的建立或者是对于对方的评价，可以产生意想不到的差异。与此同时，接触双方可以产生"情绪传染"的心理效果。主体情绪不好，也可以引起对方不良态度的反映，直接影响良好人际关系的建立。所以，管理者在对被管理者做思想政治工作时，一定要考虑到被管理者的情绪，双方在平等和睦的气氛中交谈，才能最终收到良好的管理效果。

人在生活中难免有不顺心的事，如果不能宽容待之，情绪激动，甚至暴跳如雷，大发脾气，会严重危害自身健康。动辄生气的人很难健康、长寿，许多人其实是"气死的"。后来人们把因芝麻小事而

大动肝火，用别人的过失而伤害到自己的现象，称之为"野马结局"。

一个人大发脾气或者生闷气时会使人体生理上产生一系列变化和反应，致使人体各部损伤，乃至危及生命。生气发怒时容易伤心损肺：气愤必然导致心跳加急，心律失常，使心脏受到邪气的侵入，诱发心慌心痛，呼吸困难，气逆、胸闷、肺胀、咳嗽及哮喘。与此同时，生气时会出现气极忧虑，并伤脾脏；胃感饱胀不思饮食，时间久了影响胃肠消化功能，因此可谓伤脾伤胃；生气发怒还会导致肾气不畅，肾上腺大量分泌，出现面色苍白，全身无力，四肢发冷，尿道受阻或失禁，并使肝胆不和肝部疼痛，可谓伤肾损肝。

此外，生气还会伤脑失神。人在发怒时心理状态失常，使得情绪高度紧张，神志恍惚。在这样恶劣的心理状态与强烈的不良情绪下，大脑中的"脑岛皮层"受到刺激，时间久了就会改变大脑对心脏的控制，影响心肌功能，引起突发的心室纤维颤动，心律失常，甚至心搏停止而死亡。所以在日常生活中我们要注重控制自己的情绪。

## 什么是气质心理学？

气质是人的个性心理特征之一，它是指在人的认识、情感、言语、行动中，心理活动发生时力量的强弱、变化的快慢和均衡程度等稳定的动力特征，指人的心理活动的速度、强度、稳定性、灵活性等动力方面的心理特征。

一个人的气质特别表现在一个人情绪产生的快慢、情绪体验的强弱、情绪状态的稳定性和持久性、情绪变化的幅度方面。它与日常生活中人们所说的"脾气"、"性格"、"性情"等含义相近。气质

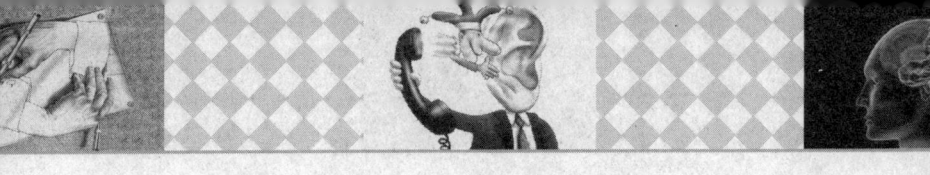

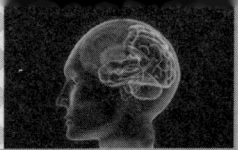

心理学就是研究人的气质的心理学分支。

## 人的气质可以分为哪几种类型？

人的气质分为四类：多血质、胆汁质、黏液质、抑郁质。心理学上叫气质类型，每一种都有其各自的特点。

多血质：情绪兴奋，喜形于色，热情开朗。

胆汁质：情感发生得迅速、强烈、持久，动作的发生也是迅速、强烈、有力。

黏液质：表现为情绪兴奋性和不随意反应性较低，内倾明显，沉着、平静、迟缓、心境平稳、不易激动，很少发脾气、情感很少外露，反应速度慢但稳定性强。

抑郁质：表现为情绪兴奋性低但体验深刻，不随意反应性强，反应速度慢而不灵活；沉静、易相处、人缘好、办事稳妥；具有刻板性、内倾性、多愁善感、情绪体验少而微弱等特点。

不同的工作岗位需要的气质人才是不一样的，有时候一个工作的完成，需要不同气质的人互补才能更完善地完成。如有人对优秀纺织女工研究发现，属于黏液质的女工，她稳定的注意力能及时发现断头的故障，克服注意力不易于转移的缺陷；属于多血质的女工，注意力易于转移，这种灵活性弥补了注意力分散的缺陷。她们以不同的工作方式完成了同样质量的工作要求。

实际上，组织中的每个工作岗位，对其工作人员的气质都会有特定的要求，特定的选择。因此青少年在以后选择职业时，必须考虑个人气质类型，要遵守两个原则：一是气质的适应原则，当一个人所从事的工作符合其气质特点时，就比较容易适应工作，工作起

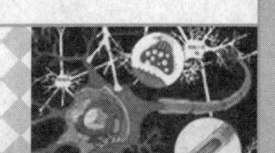

来也会感到轻松愉快。反之，如果一个人所做的工作与其气质不符合，就会把一个简单的工作做糟糕。二是气质的互补原则，在一个群体中，让不同气质类型的人在一起工作，可以起到不同气质类型间的行为互补作用，有利于工作任务的完成。

## 什么是人格心理学？

人格心理学是心理学的一个重要分支。在它成长了一个世纪后，又开始面临一个新世纪的挑战时，我们希望展望它的未来，而这就离不开对它的过去和现在作出现实而准确的评估。

即便人格心理学曾经有过璀璨的过去，各大心理学流派如精神分析、行为主义、人本主义、认知理论等都曾在人格心理学的园地中辉煌灿烂过，但如今的人格心理学却早已失去了昔日的光彩，甚至有分化瓦解的危险。那么它的问题究竟出在哪儿呢？

以TAT研究成就闻名于世的人格心理学家McClelland，认为如今的人格心理学有四个特征：第一，人格大致上仍然是对自我印象的研究。第二，如今的人格研究普遍只涉及意识的或认知的变量；第三，人格研究还未成为一门日益积累的科学。第四，人格研究仍然主要集中在过程上，而不是内容方面。心理学还是一门研究正在进行的科学。

心理学硕士刘兆永在谈及人格心理学的理论现状时也认为，当前传统的人格理论在并未死去的情况下，又产生了更多的新的人格理论，但依然缺乏能够总结吸纳前人资料、深入指导研究的人格理论。

人类行为学家罗伯特·爱泼斯坦（Epstain）同样也认为，人格心理学衰落的原因并不是它的狭隘，而是它未能形成一个大的人格理论可以有效地与经典理论竞争。

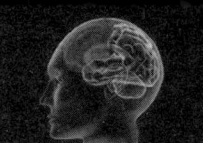

## 人格心理学理论分为哪几种？

当前存在的人格心理学理论有三种：

（1）"大五"可以说是当代人格心理学的新型特质理论。

20世纪80年代以来，人格研究者们在人格描述模式上达成了比较一致的共识，提出了人格五因素模式，被称为"大五人格"。人格结构中的五个因素后来被称为"大五"，强调该人格模型中每一维度的广泛性。这五个维度因素是神经质、外倾性、经验开放性、宜人性和认真性。从当前来看，一半以上的人格心理学家都认为"大五"是有它的贡献价值的，只是它无法承担一个大理论的责任。因为从本质上说人格不可能简单归结为几个因素就可以，所以，"大五"要作为人格研究所殷切期待的大理论，目前还是不能令人满意。

（2）认知—情感系统理论（Cognitive-Affective System Theory of Personality，简称CAPS）。

1995年，Michel.W和Shoda.Y在多年研究的基础上，完整地提出了人格新理论——认知—情感系统理论。而这个理论恰好弥补了特质研究的缺憾。认知—情感系统理论认为，个体在不同情境下所表现出来的差异，其实就是内部稳定而有机的人格结构的反映。CAPS不仅考虑了人格结构，也着重于心理过程；既考虑到人，又考虑到情境，解释了人、情境之间的互动；还可以解释先天特性、状态、动力组织、个体知觉、发展乃至自我调节等多种重要的人格概念，所以这个理论，可以说是一个动态的、意识的整合性的大理论。

（3）人格心理学需要一个整合的大理论。

分析了"大五"的局限和CAPS的优势，我们得出这样的结论：

首先，人格心理学需要一个比较全面、系统、综合的大理论，这个期待是有可取性的。

其次，大理论是可以存在的。但它并不一定要面面俱到，囊括人格的方方面面。只要在横向上能够把握人格的静态结构，在纵向上能够解释它的发展及动态过程，同时具有主动、灵活、开放的属性，那么它就无愧于一个大理论。

第三，如人们期盼的那样，在遥远的将来，人格会成为社会科学研究的核心，那时候也许一个大理论已不再使用，但一个统一的思路却是始终存在的，那就是人格是动态的（dynamic）、系统的（systematic）和整合的（integrative）。

## 意识可以分为哪几类？

从意识的活动主体看，意识可分为个体意识、群体意识与组织意识。

个体意识是指社会中的个人的意识，它是个人独特的实践产物，它反映的是个人独特的社会经历与社会地位。在社会中，每个人为了自己的生存都不得不与各个方面产生这样那样的关系，因此不断地使自己处于生产关系以及政治、经济、文化等多个方面的关系之中。在与社会有着某种生产关系的同时，就会产生一种个人实践，来完成各种社会关系所相应的有意识的活动。由于每个人的社会生活和社会关系都很复杂，而且每个人的生活经历都是完全不同的，具有独特性，所以个体意识也就各种各样，十分复杂，由此造成的个人精神特征更是形式各样。世界没有两个完全相同的个体意识，不管是社会经历、社会地位、还是社会条件都是影响个体意识的因素。不同的个人意识

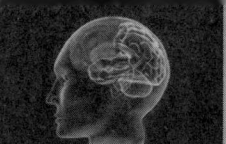

的特点直接影响了个人的生活态度、人生道路以及社会行为的差异。

群体意识是指参加群体的成员所共有的意识。它是整个群体实践活动的产物，群体意识的形成主要是由于群体信息的传播和互动。

组织意识是指一个组织的集体意识，它是一个组织的全体成员所共同拥有的意识以及价值观。组织意识形态不是一个抽象的孤立的实体，而是人们的观念反映，即人们对自己组织环境及其过程的观念认识，它总体概括了组织的全部精神生活，包括组织的人的一切意识要素和观念形态。

与组织意识相对应的就是组织存在，它是组织意识的基础。组织意识不同于个体意识，它带有一定的整体性和共同性，因此它本身结构很复杂，包括道德、制度、宗教、风俗、习惯、惯例等等各个方面。当然，组织意识并不是一直都存在的，只有你加入该组织后才会产生，如对企业来说，组织意识就是企业组织的集体意识。

## 什么是个性心理学？

个性心理学，顾名思义，它所研究的对象就是个性。从心理学学科的角度来讲，个性与人格是相同的，它们具有相同的内涵。关于个性的定义有很多种。根据中国《心理学大辞典》可以把它这样定义：个性，一个人的整体精神面貌，即具有一定倾向性的心理特征的总和。它包括能力、气质、性格、动力四个方面，具有整体性、稳定性、独特性。

关于个性心理学，西方有三大学派：精神分析学派、行为主义学派、人本主义学派。他们关于个性心理的理论构成了个性心理学的主要内容。

精神分析学派的代表人物主要有弗洛伊德、阿德勒、荣格、埃

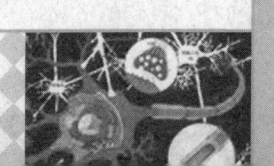

里克森。他们的理论指出，人格是由本我、自我、超我三部分组成。本我主要是指人的一些最基本的欲望如食欲、性欲，遵守快乐原则。而自我，遵守现实原则，这时人在满足自己欲望的同时，在符合社会规范前提下保护自己不受侵害。超我是人实现完美的过程，是道德的我，遵守理想原则，用人格不断促使自己进步。弗洛伊德首先提出了性力量的作用。后来阿德勒、荣格、埃里克森又对他的理论进行了合理的修正，对心理学产生了重要的影响。

行为主义学派的代表人物有斯金纳、多拉德和米勒等。他们并不赞同将概念用于心理学，认为心理学研究对象应该是可以观察到的行为，他们提倡的研究方法是通过对行为的描述和研究来揭示人的心理状态。他们还提出了学习理论，认为通过后天学习是可以形成性格的。人们通过对生活中反应动作的强化，形成了惯常的行为模式，这就是性格。

人本主义心理学以马斯洛和罗杰斯为代表。"需求层次论"和高峰体验论是马斯洛对心理学最大的贡献。高峰体验是指创造潜能的发挥和自我实现给人带来的最高的喜悦。这时人们通常表现为紧张和激动。高峰体验能促使人们不断地努力自我实现。罗杰斯认为自我是人对自己的感觉和认识，自我实现则是自我在遗传限度范围内潜能的发挥。

## 什么是动机心理学？

动机心理学也是心理学的一个分支学科，不仅具有理论性，而且实用性非常强。近年来，国内外学者对动机领域的研究日益广泛，特别是对成就动机的研究，已经取得了丰富的研究成果。

成就动机是个体追求自认为重要的有价值的工作，并使之达到

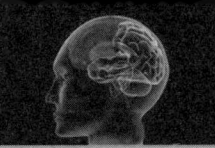

完美状态的动机，即一种动机可以不断勉励自己必须取得活动成功的一种要求，比如学生想取得优秀成绩，那么他在学习的过程中就会不断提醒自己刻苦努力，勇敢地战胜学习中所遇到的各种困难。

美国社会心理学家麦克利兰认为成就动机的特性在人格中非常稳定，在个体记忆中往往会存在着取得成就后的愉快经验，当这些愉快经验被引起时，人的成就动机欲望也就激发了出来。因此，成就动机在生活中非常重要，不管对于工作还是学习，成就动机强的人都会善于控制自己不受任何外界环境的影响，不怕中间遇到的各种困难，充分利用时间，从此取得优异的工作学习成绩。

动机问题现在已经成为心理学研究中的重要领域之一，并受到心理学家们越来越广泛的重视。如今，强调动机与情感作用及其与认知关系的"热认知"思潮，已经成为今日心理科学进步的趋势。心理学家们也将密切关注动机心理并对其进行深入研究。

## 心理学的研究内容是什么？

心理学所研究的内容主要包括两个方面：从小的方面说，它研究的是人的心理活动是如何发生、发展的，包括个体心理的发生、发展的规律；从大的方面来说，它还对整个人类的心理发展历史进行研究。

心理学家把人的心理活动划分为心理过程和个性心理。心理过程包括认识过程、情绪情感过程和意志过程，它们之间紧密相连并相互制约。个性心理包含个性倾向和个性心理特征。人的认识和意志过程与人的情感情绪有着很大的联系，认识与意志总是会引发一定的情绪情感活动；而人的情绪情感又是以认识过程为前提；情绪情感和意志活动又会影响着人的认识发展和深入，因此，心理过程

是个性心理的基础，同时个性心理又制约着心理过程的发展。

心理活动是一种很复杂的现象。它包括外显的行为和内隐的心理历程。外显的行为是我们可以观察到的行为，而内隐的心理历程是我们所看不到的。比如说，人有各种不同的"笑"：微笑，大笑，甜蜜的笑，苦涩的笑……这些"笑"就是内心活动的外部表现，心理学可以通过观察分析人的外部行为来揭示人的心理活动规律，可以用科学的方法对这些心理行为进行调控，最终更好地为人类服务。

当然，心理学研究的并不仅仅是这些，它的研究还包括部分生理过程，如神经系统尤其是脑机制和内分泌。

另外，心理学也对动物心理进行了大量研究，主要目的是为了深层次地了解、预测人的心理发生、发展的规律。

近年来，由于实际生活的需要使心理学得到了非常迅速的发展。心理学的理论和方法已经被应用到各个领域，并与其他学科交叉联系，也因此形成了许多新兴分支学科，它的研究领域正在不断扩大，心理学正在迅速地成长壮大。

## 研究心理学有哪些方法？

心理学的研究，方法主要有以下几种：

（1）观察法：这种方法是指有目的、有计划地观察被观察体在一定条件下的言行变化，并做出详尽记录，再通过对其进行分析处理，从而判断其心理活动及过程。这种研究方法比较常见，特别是对某一隐秘行为进行研究。但是它也有不足的地方，即比较被动，只能等待被观察者的某些行为出现，而且往往只能解释是什么，不能解释为什么。

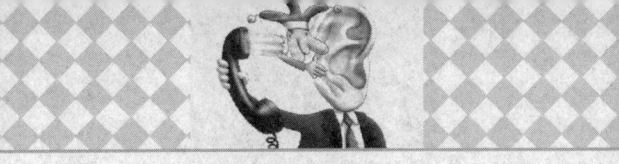

（2）实验法：这种方法是带着一定的目的，主动地创造条件去引起或改变被实验者的心理活动，再进行分析研究的方法。实验法要注意三个问题：一是刺激情景和实验情景有可能会发生变化；二是随实验情景的变化可能会产生的现象或变化结果；三是对其他可能影响实验结果的因素，要加以控制。实验法可以分为实验室实验法和自然实验法两种。

（3）测验法：它是通过标准化测验来研究个体心理或行为差异的一种方法。此种方法有四个优点：首先，因为标准化测验编制严谨，因此效果绝对可靠；其次，任何结果由于量化程度高，处理起来非常方便；第三，有可供参照的模式；最后，这种方法运用起来非常简单。但是它也有一些不足，测验法是根据人的行为来推测心理，因为它对施测者的要求很高，由于经验及文化的影响，如果行为样本未选准，就很难推断心理。另外，测验后只显示结果，无法看到过程。

（4）调查法：调查法就是向有代表性的样本问一些同样的问题，然后再进行分析，它主要用于研究那些不能从外部观察的心理活动或心理特征。它的优点就是操作不受时间、空间限制，而且收集信息很快。但是它不能反映现象和行为的因果关系，并且效果完全依赖于回答者是否合作。

（5）个案分析法：这种方法的特点在于通过对研究对象的某个方面或某些方面进行深入研究，从而全面深入地了解研究对象，如果结合其他方法，可以了解人的行为发展过程。但是它所提供的材料很粗略，而且缺乏代表性，没有可对比的个体和小组等参照标准。

## 研究心理学有什么意义？

目前心理学已经逐渐发展成为一门基础学科，开始被运用到教育、医学、侦探等越来越多的领域。因此，对心理学的学习与研究，可以帮助我们了解心理现象发生及发展的规律，对我们生活的各个领域都有非常重要的作用，它有效地促进了我们各个方面的发展，而且能为人类不同领域的实践服务。

心理的一个最重要的特点就是它决定着行为，同时我们所观察到的行为特征也能够反映一定的心理状况。因此学习与研究心理学，可揭示人的心理活动和行为产生的规律，那么，在实践生活中，我们就可以运用这些规律来了解人的心理活动。还可以通过推测找出人产生这种心理的原因，包括"环境因素"和"生理因素"。

另外，每个人都有自己的独特个性，这里所说的个性包括个性倾向和个性心理特征两方面，心理分析专家曾说过，通常警察就是通过所推测的个性倾向来划定犯罪嫌疑人的范围，从而找出犯罪嫌疑人的确切身份。所以，心理学还有另一个作用就是可以通过对它的研究，轻而易举地将案件破获，也就会使犯罪者望而却步，降低犯罪率。

由此，我们可以看出，学习和研究心理学的意义非常重大，它可以帮助我们透过表象了解更多所看不到的事实；它可以让我们更加清晰地认识世界，认识身边的一切；我们还可以利用心理知识去进行交际，你会发现与人相处起来更加协调，也减少了很多人与人之间无谓的猜测；最后，通过心理知识的学习，一些心理不健康的人也可以及时调整不正常的心理，从而使犯罪率降低，社会也变得更加安定和谐。

# 生理心理学篇

主要地理小学篇

## 什么是生理心理学？

最先提出生理心理学这一学科名称的是实验心理学的创始人冯特，他所著的《生理心理学纲要》也是第一本生理心理学专著。他在这本著作中指出，生理心理学是作者设想的一门新的科学领域，他提出心理学也可以用客观的、生理学的方法加以研究。不过在很早以前，神经学家和生理学家已经从神经生理和脑功能方面对心理现象和行为进行过探讨。因此生理心理学综合各邻近学科的研究成果，对大脑的组织以及工作的奥秘进行了研究。

尤其是近40年来，生理心理学的研究发展极为迅速，不断开拓新的研究领域，研究的方法和技术也日益精炼、趋于多样化。在研究方法上，生理心理学采用了其他行为心理学家用来训练动物学习和测量动物反应的迷津、辨别箱等，还采用了观测经典条件作用和测量情绪反应的旷场箱等。在研究技术上，它采用电子学的新技术，通过在头皮上记录脑电，而且能够清晰地记录脑内单个神经元的活动。另外，还在探索人工作时脑内各部分的活动变化，人们还采用了放射自显影、X光层描术、正电子放射层描术和核磁共振术等技术，通过这些还可以观察到与某种功能障碍有关的脑内的局部病变情况。

## 生理心理学是怎样发展起来的？

生理心理学是综合各邻近学科的研究成果，来窥探心理现象赖以产生的脑的组织和工作奥秘的一种心理学。

早期研究：法国的神经科学家弗卢朗1824年提出的结论——脑

是由多个器官合成的，各器官的功能有所区别，丘脑是产生意识的核心器官，大脑是智力器官，小脑是协调运动、保持平衡的器官，延脑是维持生命的器官。

1870年德国的医生与生理学家希奇希和弗里奇认为，刺激大脑皮层额叶的某些部位时，可产生个别的肢体运动。这是最初大脑皮层功能的实验根据。六年后，英国神经学家费里尔证实了感觉和运动功能的脑定位原则。

当时，苏联的生理学家巴甫洛夫与谢灵顿持相反观点。巴甫洛夫开创了经典条件反射的实验工作；研究了条件反射形成和发展的许多规律，比如强化、消退、自然恢复、泛化、分化或兴奋的扩散和集中等。

巴甫洛夫认为动物有两种类型的反射活动：物种的本能行为，即无条件反射；物种的学习行为，即条件反射，两者都属于第一信号系统。人类还有第二信号系统，即人的语言系统。两种信号系统工作的原理是一致的，都服从于条件反射形成的规律。

现代研究：20世纪初，华生，行为主义心理学的创始人，开始用外科手术剥夺大鼠的各种感觉，来研究大鼠在学习迷津中依赖的感觉暗号，并提出大鼠自身的运动感觉是最主要的感觉信号。

继华生之后，拉什利提出了大脑皮层功能等势说和总体活动的原则。他们的工作可称为心理学家直接从事生理心理学实验研究的开始。

当代生理心理学的研究者，都已承认必须从脑的活动方面来探讨心身关系。研究的领域已不限于学习和记忆、感觉和知觉有关的神经基础，而发展到了对心理现象和行为的全面的生物基础的研究。

生理心理学近40年来，随着研究领域的不断开拓，研究的方法

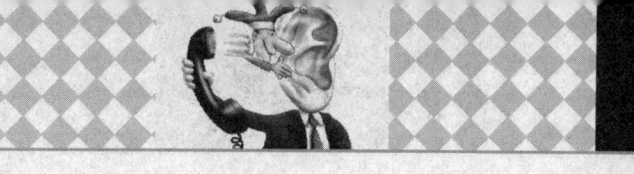

和技术也日益精炼和多样化，并逐步走向完善。同时采用了其他行为心理学家应用的训练动物学习和测量动物反应的迷津、辨别箱、斯金纳箱，以及观测经典条件作用和测量情绪反应的旷场箱等。

## 什么是神经心理学？

神经心理学从神经科学的角度来研究心理学的问题。神经心理学不像神经生理学那样，仅仅解释脑本身的生理活动，也不像心理学那样，仅仅分析行为或心理活动本身，它是综合研究二者的关系。理论上，它对阐明"心理是脑的功能"具有关键性的意义；在实践中，能够为神经科学的临床诊断和治疗提供方法及依据。人们需要了解人脑是怎样反映外界事物，怎样反应社会现象，乃至心理活动和大脑生理活动到底有着怎样的关系。神经心理学就是把脑当作心理活动的物质本体，来研究脑和心理或脑和行为之间的关系。它把人的感知、记忆、言语、思维、智力、行为与脑的机能结构之间建立了量的关系，用标志脑机能结构的解剖、生理、生化的术语，来解释心理现象或行为。它综合神经解剖学、神经生理学、神经药理学、神经化学和实验心理学以及临床心理学的研究成果，采用特别的研究方法，铸就了心理学与神经科学交叉的一门学科。

我们习惯把法国外科医生 P. 布罗卡 1861 年发现左脑额下会病变引起运动性失语症，作为神经心理学的历史起点。从那时起，神经心理学自身的发展逐步沿着所谓"临床神经心理学"和"实验神经心理学"这两条道路在不断前进。

1974 年，神经心理学的研究被 L. A. Davison 分为三个领域，即实验心理学、行为神经病学与临床神经心理学。这三个领域的研究

都讲述脑和心理（行为）关系的问题，只是它们的对象和方法不同罢了：

（1）实验神经心理学研究脑的机能或脑与行为的基本原理。

（2）行为神经病学重点在病人身上进行研究。

（3）临床神经心理学的研究对象也都是病人，但重点放在患脑高级机能障碍病人的诊断、鉴定、预防和治疗上。

## 什么是心理生物学？

心理生物学也可称生物心理学，在心理学中，它是运用生物学原则来研究心理历程及行为的一门学科。比如说，心理生物学家用雏鹅的印痕行为与人类婴儿的依附行为做比较，并以这两个现象来建立他们的理论。生物心理学家对衡量生物学上的变量兴趣体现在解剖学、生理学或基因变量等方面，并试图量化或质化心理学或行为学上的变量，因此对实证应用具有很大的贡献。

心理生物学涉及三个相关术语：心理生物学，研究心理功能及行为与生物程序的关系的学科；心理生物学家，进行精神生物学研究的人；生物心理学的相关学科，表示属于或者附属于精神生物学的学科。

1951年，英国发展心理学家约翰·鲍比试图将西格蒙德·弗洛伊德在心理学及心理动力学上的理论，用于父母婴儿的论题，就在关键阶段时，他幸运地经由朱利安·赫胥黎的介绍，接触了康拉德·洛伦兹及尼可拉斯·庭伯根新出版的作品，特别是心理印痕以及行为与发展的四个大问题。

1969年，鲍比对他的新理论——依附理论进行了阐述，这个理论是关于一种心理生物过程，陈述了其他物种处在类似人类的环境

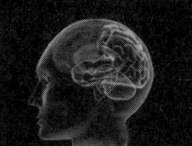

中的反应。紧接着，他又有推论：我们在婴儿发展时期应该能找到一些生物心理特征。他问："是否某些源自幼年的神经倾向或人格偏差源自于生物心理过程的发展中受到了某些干扰？"而且，"无论答案如何，这只是探究可能性的常识。"出于谨慎，他表明："直到人类的行为在使用动物行为学的概念进行试验前，我们不可能知道生物心理学的重要性。"

### 生物心理学的主题范围有哪些？

生物心理学家与理论心理学家研究的议题大同小异，但不包括人类。以研究结果来说，大量的生物心理学文献都是关于哺乳类动物的共同精神活动和行为，例如：学习和记忆、睡眠和生物周期、感情、感觉和知觉、动机性行为（饥饿、口渴、性）和动作控制等。

然而，在技术进步以及使用非侵入性方法更准确的情形下，生物心理学家在某些古典科目上又有了新的贡献，例如：意识、理性和决策、语言。

在精神障碍方面，生物心理学家有长期的贡献，包括属于临床心理学及精神病理学的范围。虽然并不是所有的精神疾病都可以从动物研究模式得到，但这个领域仍提供了重要的治疗资料，包括：自闭症、阿兹海默症、杭丁顿氏舞蹈症、忧郁症、精神分裂症、帕金森氏症、焦虑症、滥用药物（包括酗酒、抽烟）症等。

### 什么是动物心理学？

动物心理学是研究习性学（固定动作模式，印刻），行为的个体发生，动物交往，动物的智力等的心理学分支。其研究对象是动物，

着重于通过动物行为对心理过程进行分析。

除动物心理学之外，研究动物行为的还有比较心理学和习性学，比较心理学重点研究从进化的观点对各种动物的行为进行比较研究，习性学则侧重于在正常自然环境中对动物的习惯及行为及其适应生存的能力进行细致观察。

动物心理学的历史，可以被看作是向极端拟人论作斗争的一部历史。一方面受到过笛卡尔机械观点的影响，另一方面也受到过极端拟人论的深刻影响。美国心理学家桑代克在20世纪初期的动物问题箱实验对指明强化方式和学习研究有着很大影响。在动物行为研究的启示下，华生发展出以刺激—反应为基础的行为主义。这些不断推动着动物心理学走上实验的道路。自从20世纪初美国社会学家斯莫尔第一次用迷津来研究大白鼠的学习问题以来，用迷津来研究智力、学习行为及定向行为成为极其普遍的实验。随着赫尔、托尔曼和斯金纳等人的学习理论的建立，动物心理学研究在20世纪三四十年代达到顶峰。在这期间，迷津在美国几乎成为所有研究动物心理学的一个标准的仪器。50年代出现了斯金纳箱，它在原则上和迷津一样，也用于大鼠的智力和学习行为的研究，但它是问题箱的一种变式。在这种趋势下，拉什利就从动物行为研究中，发展了对行为脑机制的研究，并走上了生物心理学的道路。只有少数科学家，如耶基斯、比奇、梅斯尔和施奈尔拉等人，在对于动物心理学的研究中仍然保持着比较心理学的研究方向。

## 什么是躯体感觉？

躯体感觉并不难理解，它是触觉、压觉、温觉、痛觉和本体感

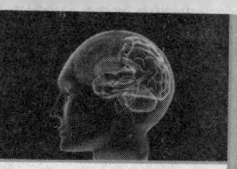

觉的总称，其实就是除去视、嗅、听以外的感觉。

躯体感觉可以分为皮肤感觉、运动感觉和内脏感觉三方面。

皮肤感觉，顾名思义，它是由皮肤感受器官所产生的感觉。皮肤感觉有着躯体感觉的特性，它与深部感觉配合，可以进行人体内部辨别，尤其是体部的相互位置的转换和运动的感觉。它包括触觉、压觉、痛觉和温度觉。1897年，弗雷首先提出皮肤感觉是包括数种感觉的观点，并证明了这些感觉都来自于不同的感受器。而这些感受器距离皮肤表面的深度也各不相同，在形态上也有着很大的差别。人的皮肤感受器中的神经感受器主要是环层小体和触压感受器等。

运动感觉简称动觉，它来自于主体对身体各部分之间相对位置变动所产生的反映，它是身体姿势变换或身体运动时，主体所发生的"感受"或意识。它也包括头部、四肢等身体各个部位对它所处位置的感觉。

内脏感觉是指在内脏、体腔膜等处的感受，并且被投射到该部位的感觉。其实在内脏、体腔膜等部位的感觉神经非常少，一般情况下几乎处于无感觉状态，但有时我们会感觉有压迫感、胸闷等现象，这种感觉很模糊，称为内脏痛。这些感觉与皮肤感觉大不相同，关于它的生理机制，虽然大多都不清楚，但一般把这种痛觉认为是由脏器本身活动引起，或者是它已经处于病理状态，尤其是受到多种强刺激，在共同作用下对特殊的中枢造成高度兴奋从而导致疼痛的产生。内脏感觉的感受器称为内感受器。当这种痛觉投射的部位表现得模糊时通常被认为是感觉中枢皮层化的贫乏。

内脏痛不仅局部定位并不准确，而且局部标识也不明晰，因此很容易与皮肤痛混淆。心理学将这分析为，由于内脏感觉纤维时所

产生的兴奋在脊髓中扩散，所以就会连接到这一阶段皮肤，因此这种内脏感觉的疼痛也会投射到该部位的皮肤，甚至导致疼觉过敏症。

## 什么是触觉？

触觉是接触、滑动、压觉等机械刺激的总称。几乎所有动物的触觉器都是遍布全身的，人的体表也一样，发生在人的表皮上的所有能感受到的感觉都可以称为触觉。

在生命的进化过程中，触觉的产生可以说是一个很重大的事件。当多细胞的生命体开始变得复杂的时候，这个生命体的表面就会有一些细胞开始拥有特殊的功能。这种功能促使它们只要有外界的物体触及它们的时候，就立刻产生了化学反应。然后在细胞体内，由一个个分子不断地传递下去……这样传到一些拥有特殊功能的分子上，这些特定的分子再产生反应，由此就形成了特定的反应动作。

触觉是本体感受到体表接触而产生的感觉，它也有自己的触感受器，它的发生正是由压力和牵引力作用于触感受器而引起的。当某种刺激的外力持续作用或作用的力度很强的时候，它所产生的感觉就会达到比较深层，这称为压觉。压觉和触觉的不同我们可以以神经放电的记录来对其进行区分，对持续性刺激神经放电则称为压觉，而非持续性的少量放电称为触觉。人体对压觉放电适应慢，而对触觉放电则适应的比较快。而且触觉从进化上被认为比压觉更高，压觉的神经纤维的直径也没有触觉的粗。其实触觉是一种在动物界广泛分布的原始的感觉，可诱发出一些简单的非定位性的运动反应比如身体蜷缩等，还会产生一种防御反应如全身僵直、身体的自切、

变向无定位运动、接触倾斜性、负的接触趋性等；当然，还有一些动物并不是简单的防御，也有的动物会向刺激部位作出反击动作。

触觉通常是动物重要的定位手段，比如猫或老鼠拔掉触须就可以体现它们仅凭触觉来行为的莽撞举动。我们把主要以触觉来认识生活环境及其变化的动物称为触觉动物，蚯蚓就属于触觉动物。

### 什么是温度觉？

温度觉，即由温度引起的感觉，心理学将它定义为：由冷觉与热觉两种感受不同温度范围的感受器感受外界环境中的温度变化所引起的感觉。它的感受器包括冷热两种，热感受器对热刺激比较敏感，反之，对冷刺激敏感的叫冷感受器。两种感受器都存在于皮肤表层中，都呈点状分布，又称为热点和冷点，温度感受器存在比较集中的地方主要是面部、手背、前臂掌侧面、足背、胸部、腹部以及生殖器官的皮肤。在面部的皮肤每平方厘米约有16～19个冷点，热点的数目比冷点少4～10倍。因此冷点要比热点多。

温度觉就是指在一定范围的温度内，人体对这两种感觉所表现出来的感觉。人体对其都有一定程度的适应能力，在适应后，对这种温度刺激的敏感度就会慢慢降低。但是人体对热的适应又不能完全取决于热感受器，通常热感受器的适应只需几秒钟，但我们对热觉的适应却需要几分钟以上，所以说，人体对热的适应还有中枢神经系统的适应功能参与。

通常情况下，我们都认为冷和热的感受器具有一定的特殊结构，冷点和热点也有着很大的区别、很明显的分工，传导冷和热冲动的神经纤维也不尽相同。但到现在为止我们也无法证实它们的准确结构，我们发现，有的热敏感部位只有游离神经末梢。

温度觉对于恒温动物来说非常重要，它可以帮助动物调节体温。当在外界温度或体内温度发生的变动比较大时，温度感受器就会接受刺激，将这种冲动传入大脑，同时也传向下丘脑的体温调节中枢，从这里发出传出性冲动，从而使产热器官或散热结构得到调整，这样，体温的恒定就得以维持。比如一些鸟类在冬天的时候就会往南飞正是这个道理，这时感受温热与寒冷的感受系统就为它的迁徙做了指示，还比如有一些冬眠动物，它们也是由于适应环境的温度变化而发展成的。这些动物都是通过感受温热和寒冷而改变其生理功能的活动程序。

## 什么是痛觉？

痛觉是指有机体受到伤害性刺激所产生的感觉。痛觉不光具有重要的生物学意义，在心理学上也有很重要的意义。首先，它是有机体内部的警戒系统，这种感觉一出现能引起防御性反应，我们就可以很快地保护自己。不过，如果疼痛过于强烈就会引起机体生理功能的紊乱，甚至休克。

痛觉的种类很多，可分为三种：皮肤痛，来自肌肉、肌腱和关节的深部痛和内脏痛，它们各自都有着自己的特点。但是如果痛觉达到一定程度，就会引起生理变化以及情绪的反应，通常表现为极不愉快。而且，由于个性差异，不同的人对痛觉的反应也有着很大的差异。有人痛觉感受性低，有人则高，并且不同的民族、不同的年龄段以及性别对痛觉的感受也是不一样的。这种明显差异很大程

度上取决于个人的心理因素，影响痛觉的心理因素主要是注意力、态度、意志、个人经验、情绪等方面。

同时，痛觉和其他感觉相比，还具有其特殊的属性。首先，伴随着它出现的往往不止一种感觉，有时它还会伴随着其他多种感觉，例如刺痛、灼痛、胀痛、撕裂痛、绞痛等。也就是说，痛是和其他感觉杂合在一起的，是一种复合感觉。其次，痛觉一般都会伴有强烈的不好的情绪反应，如恐怖、紧张等。此外，痛觉还具有另一个特殊的属性，即"经验"。在生活中我们经常会看到，不同的人在面对同样一个伤害性刺激时所作出的反应往往并不一样。这里的原因就是由于个人的生活经验不同所造成的。比如在战争时期，军人们面对很大的伤口并不感到十分痛，但是当注射针刺入他们的皮肤时他们却感到疼痛难忍；而针刺注射对于一些久病的人来说，根本就是不用在意的事。

## 什么是视觉？

视觉，属于生理学词汇。我们可以这样理解：光作用于视觉器官，使其感受细胞兴奋，其信息经视觉神经系统加工后便产生视觉。视觉对于一切动物来说都是非常重要的组成部分，通过视觉，人和动物就可以感知外界的一切，如物体的大小、明暗、颜色、动静，从大自然中获得很多重要的生存信息。专家们指出，至少有80%以上的外界信息都是通过视觉获得的，它早已是人和动物最重要的不可或缺的感觉。

视觉的形成过程可以很清楚地表示出来：光线→角膜→瞳孔→晶状体（折射光线）→玻璃体（固定眼球）→视网膜（形成物

像)→视神经(传导视觉信息)→大脑视觉中枢(形成视觉)。

在进化过程中光感受器的形成,可以帮助动物精确定向。单细胞原生动物眼虫的眼点是目前知道的最简单的感光器官了,虽然很简单,但仍然可以使眼虫定向地做趋光运动。当然如果眼点的结构更为完善,它所发挥的作用就更大,比如涡鞭毛虫就是借助这种眼点对光的感受来捕食。

多细胞动物的感光器官就会逐渐复杂起来。如水母的视网膜只是一种由色素构成的板状结构,这种结构只是给动物提供光线强弱和方向的信息。随着动物的进化,又出现了杯状或是囊状光感受器并呈现一定的晶状体,这时候光线可以聚焦。

当然,视觉器官在不断的进化中,不同种类的动物也有着自己特定的型式,如昆虫的复眼。另外,脊椎动物的视觉系统就比较复杂,它通常包括视网膜,相关的神经通路和神经中枢,以及为各种附属系统。这些附属系统可以为其实现很多功能,主要包括:眼外肌,可使眼球在各方向上运动;眼的屈光系统,保证外界物体在视网膜上形成清晰的图像。

## 什么是听觉?

听觉,即声波作用于听觉器官,使其感受细胞兴奋并引起听神经的冲动发放传入信息,经各级听觉中枢分析后引起的感觉。它产生的来源在于声波的振动,它在人和动物的生存生活中也具有很重要的意义,它的重要程度仅仅次于视觉。

那么,我们能听到声音是一个怎样的形成过程呢?当外界出现声音,通过一些介质将声波传到外耳道,再传到鼓膜引起鼓膜振动,

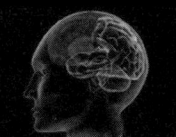

然后通过听小骨传到内耳，耳蜗内的纤毛细胞因为受到刺激而产生神经冲动。最后这个神经冲动就沿着听神经传到大脑皮层的听觉中枢，这样听觉就形成了。

听觉的形成过程可以用一个简单的流程图来显示：声源→耳廓（收集声波）→外耳道（使声波通过）→鼓膜（将声波转换成振动）→耳蜗（将振动转换成神经冲动）→听神经（传递冲动）→大脑听觉中枢（形成听觉）。

此外，声音的传输不仅仅只是可以通过声波振动经外耳、中耳的气传导，它还可以通过颅骨的振动来传导声音，颅骨振动引起颞骨骨质中的耳蜗内淋巴发生振动，从而引起听觉，这种声音传导方式称为骨传导。但是骨传导很不敏感，所以一般情况下正常人对声音的感受主要靠外耳、中耳的气传导。

由上我们可以看出外耳、中耳在声音传播中的重要性，它们基本上担负传导声波的全部任务，但是当这两个部位发生病变，就会引起听力减退，比如慢性中耳炎，由外耳、中耳引起的听力减退我们把它称为传导性耳聋；另外还有一种由内耳及听神经部位发生病变所引起的听力减退，我们把它称为神经性耳聋。

在生活中，还有一些药物会造成听神经的损伤从而导致耳鸣、耳聋，比如链霉素，所以，我们在使用这些药物时一定要慎重。

### 什么是味觉？

味觉是指食物在人的口腔内对味觉器官化学感受系统的刺激并产生的一种感觉。不同的地域，人们对味觉的分类也大不相同。

它的形成过程是这样的：口腔内的味觉感受体受到带有味道的

物质的刺激，然后负责收集和传递信息的神经感觉系统将其传送到大脑的味觉中枢，最后传送到大脑的综合神经中枢系统，这神经中枢系统对其进行分析，于是就产生了味觉。味觉的不同归结于不同的味觉感受体，而且不同的味觉感受体与呈味物质之间的作用力也不相同。

从生理的角度，我们对味觉分类，可以分为四种基本味觉，即：酸、甜、苦、咸，它们的产生是由食物直接刺激味蕾而来。在四种基本味觉中，人最快感觉到的是咸味，对苦味的感觉最慢，但对我们来说，苦味又比其他味觉都敏感，因此也比其他味觉更容易觉察。人的舌头的不同部位所敏感的味觉也不相同，一般来说，舌尖和边缘对咸味比较敏感，舌的前部对甜味比较敏感，舌靠腮的两侧对酸味比较敏感，而舌根对苦、辣味比较敏感。

味蕾是口腔内感受味觉的主要部位，不过，自由神经末梢也可以对味觉进行感受，不同生长时期口腔内味蕾的数量也不相同，婴儿有10000个味蕾，而成人有几千个，我们可以看到随着年龄的增长，味蕾数量逐渐减少，因此，年龄越大，对呈味物质的敏感性也降低。

影响味觉产生的因素有以下几个方面：

（1）物质的结构影响着所产生的味觉，比如糖类我们就会感觉到甜味，盐类我们就会感觉到咸味。

（2）呈味物质必须有一定的水溶性才会产生一定的味感，如果完全不溶于水，那么它肯定是无味的，如果溶解度很小也是无味的。而且水溶性高，味觉产生得就很快，但是消失得也很迅速。

（3）味觉的产生还与温度有关，温度越升高，味觉就越加强，

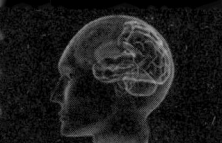

最适宜的味觉产生的温度是10℃~40℃，尤其是在30℃时味觉最为敏感，大于或小于此温度就会变得越来越迟钝。此外，温度也影响着呈味物质的阈值。

（4）味觉的感受部位对味觉的产生也有一定的影响。

（5）各种味觉的相互作用也会影响着味觉的产生：当两种相同或不同的呈味物质同时进入口腔时，我们所感受到的味觉就会发生改变，这种现象被称为味觉的相互作用。

## 什么是嗅觉？

嗅觉也是一种感觉。它是由嗅神经系统和鼻三叉神经系统两种神经系统共同作用而形成的。嗅觉和味觉的联系很紧密，两者之间会整合和互相作用。嗅觉同样具有很重要的作用，它可以帮助我们实现外激素通讯。

嗅觉相对于味觉最明显的区别就是它是一种远感，它可以通过长距离感受化学刺激，而味觉则是一种近感。

嗅觉也有自己的嗅觉感受器，嗅觉感受器的嗅细胞位于鼻腔的最上端、淡黄色的嗅上皮内，这个位置并不是呼吸气体流通的通路，而是好像在掩护着鼻甲的隆起。嗅觉的产生是气流将带有气味的空气以回旋式的方式传送到嗅感受器，这个可以用来解释慢性鼻炎为何影响嗅觉的原因，因为慢性鼻炎引起的鼻甲肥厚会阻碍气流接触嗅感受器，因此嗅觉功能就会减退。

另外，我们要知道的是，嗅觉的刺激物必须是呈气体的物质，而且这个气体还必须具有挥发性，只有这样，有味物质的分子才能刺激嗅觉细胞，产生嗅觉。

嗅觉通常是用嗅觉阈来测定。所谓嗅觉阈就是能够引起嗅觉的有气味物质的最小浓度。

人类对嗅觉还是比较敏感的，但是由于各种因素，对于同一种气味物质的嗅觉敏感度，不同人都是不一样的，且有很大的差别。有的人对嗅觉非常敏感，就是我们通常说的鼻子很灵，而有的人甚至缺乏一般的嗅觉能力，这种现象我们通常称为嗅盲。即使是同一个人，在不同的情况下他的嗅觉敏感度也有很大的不同。嗅觉的敏感度会受到很多因素的影响，如感冒、鼻炎等一些疾病，它们会降低嗅觉的敏感度，对嗅觉有很大的影响。另外，它还与我们当时所处的环境有很大关系，温度、湿度和气压等的明显变化都会影响嗅觉的敏感度。

## 什么是多动症？

多动症现在已经发展成为儿童期常见的行为问题。多动症的症状主要表现在两大方面，即注意障碍和活动过度，同时也会伴有行为冲动和学习困难等症状。多动症通常起病于6岁以前，学龄期尤为明显，随年龄增大会逐渐好转，但也有的会延续到成年。它的症状具体表现为：

（1）注意障碍：注意障碍是多动症最主要的表现之一。患儿通常主动注意减退，被动注意增强，无法集中注意某一件事，注意对象也会经常频繁地转移。他们做事常半途而废或频繁地转换。有的患儿还表现为凝视一处，走神，发呆，不知道脑子里在想些什么。注意障碍是多动症必须具备的症状。

（2）活动过度：活动过度也是多动症常见的主要症状。患儿的

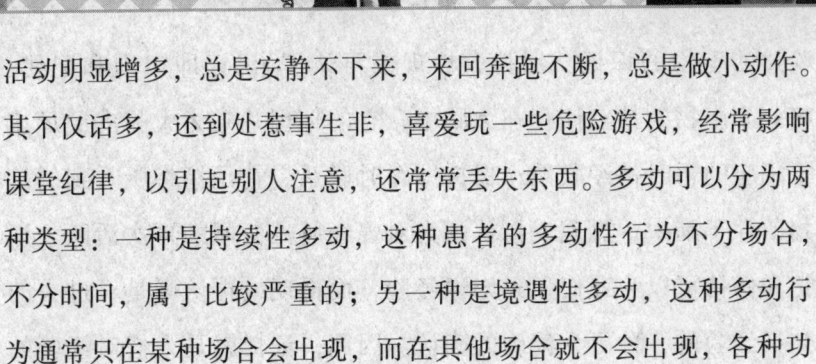

活动明显增多，总是安静不下来，来回奔跑不断，总是做小动作。其不仅话多，还到处惹事生非，喜爱玩一些危险游戏，经常影响课堂纪律，以引起别人注意，还常常丢失东西。多动可以分为两种类型：一种是持续性多动，这种患者的多动性行为不分场合，不分时间，属于比较严重的；另一种是境遇性多动，这种多动行为通常只在某种场合会出现，而在其他场合就不会出现，各种功能受损较轻。

（3）冲动性：这类患者情绪不稳，很容易被激怒，任性，自我控制能力差，易受外界影响，出现兴奋、萎靡等现象。做事不考虑后果，容易出现危险或破坏性行为，造成不良后果，而且事后也不会吸取教训。

（4）学习困难：学习成绩低下几乎成为多动症患儿的共同特点。其实智力是正常或基本正常的，患多动症的严重程度决定着出现学习困难的时间。

（5）神经系统发育障碍：多数患有多动症的患儿会出现神经系统软体症，表现为反应迟钝、动作笨拙、共济活动不协调、无法直线行走、闭眼就难以站立、精细运动不灵活等，有的患儿还会出现视觉-运动障碍、空间位置觉障碍等。

在学龄儿童精神障碍中，多动症的患病率已经占据首位，我国的权威调查显示，学龄儿童的多动症患病率为 4.31% ~ 5.83%，多动障碍是一种慢性终身性疾病，所以应该积极进行治疗。

## 什么是记忆？

记忆是什么，在《辞海》中是这样给它定义的："人脑对经验过的事物的识记、保持、再现或再认。"识记即识别和记住，将一个事物的特点储存在大脑中，它的生理基础为大脑皮层形成了相应的暂时神经联系；保持即暂时联系，它是指将所看到的事物留存于脑中；再现或再认则为对曾经所见所闻的再次活跃。识记和保持可以为我们积累知识经验，而再现或再认则是对过去的知识经验的一种更为精确的确认。因此，记忆就是人们对经验的识记、保持和应用过程，是对信息的选择、编码、储存和提取过程。

记忆也是一种最基本的心理过程，它与其他的心理活动有着很大的联系。比如，如今经验对人的成长有很重要的作用，过去的经验如果没有记忆对它的储存和保持，人就无法分辨和确认周围的事物。而且由记忆提供的知识经验，对于解决一些很麻烦的事情也起着重大作用。因此，近年来，认知心理学家把记忆的研究放在了很重要的位置。

记忆在个体心理发展中也具有很重要的作用：人类在成长时要发展走路、跑步等动作机能和各种劳动机能，就必须保存动作的经验才能成长；人们要学习语言和思维，也要保存词和概念。所以没有记忆，就没有经验累积之说，而个体心理也就很难得到发展。而且，记忆还可以帮助一个人获取某种能力，养成某种好的或坏的习惯，培养一种行为方式以及塑造一种人格特征，这些都需要以记忆活动为前提。

总之，记忆使人的心理活动的过去和现在联系在一起，是人们进行学习、工作和生活的基本机能。学生凭借记忆，才能不断获得知识和技能，增长自己的才智；演员凭借记忆，才能准确地

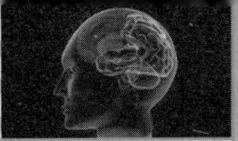

进行艺术表演，表达多种多样的感情、语言和动作。离开了记忆，我们就会回到原始的本能状态，因为我们什么也学不会。所以说，没有记忆就没有现在的我们，记忆对人类社会的发展有着很重要的意义。

# 社会心理学篇

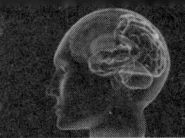

## 什么是社会心理学？

社会心理学，是研究个体与群体的社会心理现象的心理学分支。个体社会心理现象是指受他人和群体制约的个人的思想、感情及行为，例如人际知觉、人际吸引、社会促进及社会抑制、顺从等。群体社会心理现象，是指群体本身特有的心理特征，如群体凝聚力、社会心理气氛、群体决策等。

社会心理学受到来自心理学和社会学两个学科的影响，是一门边缘学科。在社会心理学内部，一直就存在着社会学方向的社会心理学和心理学方向的社会心理学两种理论观点不同的研究方向。社会心理学作为一门独立学科，其具备的基本特征并不会因为在解释社会心理现象上的不同理论观点而消失。

早期的社会心理学，着重于研究群体与群众的心理现象；20世纪初，态度的研究成为核心；实验社会心理学出现后，社会促进的研究成为中心；以后，群体过程、说服、顺从、认知失调、归因等分别成为某一时期的研究重点。

当今的社会心理学家强调从现场研究到实验室研究，或者从实验室研究到现场研究，反复循环、相互验证。同时，计算机在生活、工作领域广泛使用，也为处理从现场获得的大量材料提供了方便，推动了社会心理学的不断进步。

社会心理学专题研究的发展，可以追溯到19世纪下半期。1860年，德国哲学家拉察鲁斯和语言学家斯坦塔尔关于民族心理学的系列论文出现后，塔尔德的《模仿律》、西格尔的《犯罪的群众》、勒邦的《群众心理学》等著作相继出版，为社会心理学的形成奠定了

基础；1908年，英国心理学家麦独孤与美国社会学家罗斯分别出版了社会心理学专著，这标志着社会心理学已成为一门独立的学科。

社会心理学包括民族心理学、家庭心理学、人际关系心理学常识等分支学科。

## 什么是民族心理学？

民族心理学，是以普通心理学与社会心理学的理论为基础，以社会学、人类学和民族学的材料为参照，研究特定环境下，某一民族心理活动的发生、发展及变化规律的社会心理学分支。

民族心理，主要指一个民族作为一个大群体所具有的代表性的心理特点，还包括该民族的成员个体身上所展现的这些心理特点。并且，民族心理是一般心理的特殊表现形式，只是在强度上、维持时间上、以及表现形式上有所差异而已。

但在有些民族中，直爽豁达、对人热诚等性格特点，表现得异常普遍和突出。如鄂温克牧民，他们居住在中国呼伦贝尔草原上，几乎人人都大度、私有观念淡薄、能歌善舞、热情好客、粗犷勇猛、顽强。并不是每个民族团体都能具有如此普遍的强烈性格表现的。

民族心理特点，是特定民族在长期的自然环境、社会环境的制约及历史文化的积淀过程中逐渐形成的，并通过一定的生产与生活方式及各种文化产品得以表现，如生活习俗、道德观念、生产行为、交往行为以及艺术、体育活动等。

民族心理学具体研究关于特定民族集体内，人与人之间的相互关系与相互作用，以及民族集团与民族集团之间的相互影响和相互制约等。其不但研究特定民族集体影响下人们的社会行为，还研究

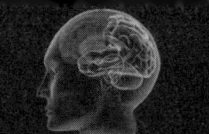

他们内在的心理特点及规律。

通过某民族特殊的社会化过程而世代相传的每一种心理特征，都会随时代的变迁而不断发展，不断改变。民族中的每一个成员的个人生活经验和交往，可以体现特定民族相同的生存条件对其成员心理的影响。因此，民族心理学注重研究在民族团体制约下人们的行为和活动的规律，揭示具体的民族团体对个体施加影响的机制及特点。

## 民族心理学是怎么发展起来的？

对于民族心理学的早期研究，可以说是1960年德国哲学家拉察鲁斯和他的朋友语言学家斯坦塔尔共同创办的《民族心理学及语言学杂志》。他们认为存在着不同的民族心理，其不同主要表现在社会心理对民族成员心理的影响上。但他们的研究方法主要是思辨的，解释也带有神秘性。

德国心理学家冯特针对这种神秘化倾向，建立起了科学的民族心理学。他认为，比较简单的精神现象可以以个人为单位进行研究，比较复杂的精神现象须用其他方法进行研究。冯特对人类学和历史学的资料进行了系统的心理学解释。他认为，人的心理既受自然因素的影响，也受社会因素的影响，民族心理则是社会因素的结果，是人的高级心理过程的体现。个体心理学易于使用实验法，民族心理学则应多使用观察法，观察民族的精神产物。

19世纪末，法国社会学家迪尔凯姆针提出"团体表象"概念。

20世纪初，受冯特的影响，美国心理人类学功能学派创始人之一马利诺夫斯基认为，应从人的心理需要出发，看待各民族集团的行为与文化。

20世纪20年代后，民族心理的研究明显受行为主义理论和研究方法的影响，实验方法开始被用于研究不同种族的心理差异问题。

确定种族间是否存在着心理差异是种族心理学研究的真正问题。只有通过科学测量才能获知在心理方面，种族之间是否平等。在感觉特点方面、智力方面以及颜色爱好和艺术欣赏方面，作为一种实验事实，种族之间都不同程度地存在着差异，但主要原因来自于文化、教育以及宗教传说的影响。

20世纪30年代，美国著名文化人类学家本尼迪克特和韦斯特等人将心理学的知识和人类学的观点相结合。

## 民族心理学与普通心理学有什么关联？

不同民族个体或群体的心理特点正是民族心理学所研究的。无论是对民族心理的共性的探讨，还是对不同民族心理特点差异性的研究，都必须从人的认知过程、情绪、情感、意志、品质及个性特征、个性倾向性等方面入手。虽然它所强调的是人在某一特定社会条件下的心理特点，但其基本原则仍然离不开普通心理学。民族性格的调查和研究会为普通心理学的个性理论提供事实依据。因此，普通心理学的基本理论，在民族心理学的研究中得到进一步的验证与补充，而民族心理学也是以普通心理学的理论为指导的。

民族心理学是一门新兴的、多学科的、交叉性的学科。随着各民族物质文化生活的日益提高，各民族的心理研究将受到普遍关注，民族心理学研究前景光明，具体表现在以下两个方面：

（1）民族学和心理学，在民族心理研究方面进行交流与合作已经是势在必行。

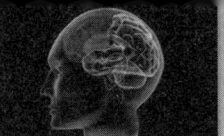

（2）在今后相当长的时期内，民族心理研究的主流是个体民族心理研究。目前，我国正在实施的西部大开发，在某种程度上是西部民族地区的大开发。

## 什么是自我？

在心理学上，自我就是指个体对自己存在的觉察。因为觉察是一种心理经验，是一种主观意识，因此心理学中讲的自我就是自我意识，它们二者是一样的。在我们的生活中，我们能觉察到自己的一切与周围其他的物与其他的人不一样的地方，这就是自我，也叫自我意识。这里所说自己的一切包括我们的躯体、我们的生理活动和心理过程。

我们所觉察到的自我是内心深处的自己，真实的自己，没有任何掩饰。

在心理学上，"自我"这个概念在许多心理学学派都属于关键概念，虽然各派对其的理解和用法可能有着一定的差异，但大体上都指个人有意识的部分。

自我处于本我和超我之间，是理性和机智的，具有防卫和中介职能，它会遵守现实的原则，给本我以监督，并给予适当满足。自我的任务大部分都是在控制本我，它的心理能量基本上都消耗在对本我的压制上。而且，只要是可以成为意识的东西都包含在自我之中，但在自我中也许还会存在一些仍处于无意识状态的东西。

自我也是人格的心理组成部分。当本我发展为自我时，现实原则就中止了快乐原则。而且自我已经学会对心灵中的思想与个体存在的外在世界的思想进行区分判断，它可以调节自身和所处环境。

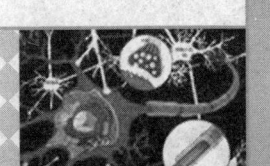

弗洛伊德认为自我是人格的执行者。

艾里克森把自我看作是一个独立的力量。他把自我看作一种心理过程，包含人的意识活动，这些都是可以控制的。自我综合了人的过去经验和现在经验，并且能够把人的内部发展和社会发展两种进化过程综合起来，它引导心理能力向合理的方向发展，它决定着个人的命运。因此，自我的作用并不仅仅在于它的防御性，它在语言、思想和行为方面还具有一定的自主性，另外还具有对内外力量的适应性。

### 什么是自我实现？

自我实现是指人通过发挥自己的潜能，表现出自己的才能，当人的潜力被充分调动起来、表现出来，人们才会感到最大的满足。

人本主义的心理学大师马斯洛在20世纪40年代提出的需求层次理论中，他开始将研究重点转到心理健康的个体上，尤其是那些已经达到自我实现的人，他们非常满意自己的生命，而且通过发挥自己的潜能创造出有意义的东西。马斯洛试图去归纳出他们这一类人的共同点。

经研究马斯洛发现，这些人很少会受到焦虑与恐惧的影响，他们总是对自己及他人都抱着喜欢和接纳的态度。当然他们也有自己的缺点，但是他们总是能虚心地接受别人的教育，真诚地接受自己的缺点，所以他们比一般人更真诚、更不防卫，也对自己更满意。

从人本主义出发，很多心理学家及教育家相信每个人都会有自我实现的倾向。根据马斯洛的需求层级理论，当一个人的一些较低层次的基本需求得到满足之后，他便会开始尝试去努力满足更高层次的需求，比如自我实现，这时候，他对自己的生命就会更加满意。

但是如果受到阻碍，比如在孩童时期，父母总是对我们的需求采取冷酷或拒绝的态度，这对我们自我概念的健康发展和对现实世界的觉察就会产生很大的影响，也许你就会从此开始自我防卫，甚至不再具有自己真实的感受，这时候你就很难完成自我实现，更难成为自我实现的人。

此外，达到自我实现的人一般都会具有以下人格特征：首先，了解并认识、接受现实，持有较为实际的人生观，对自己、别人以及周围的世界都能喜悦地接受。其次，这种人应该具备广阔的视野，就事论事，能独立自主，能多为别人着想，而很少考虑个人利益。第三，淡然地面对一切平凡事物，对日常生活不感觉厌烦，在生命中曾有过引起心灵震动的高峰经验。最后，具有民主风范，尊重别人及别人的意见；带有哲理气质，有幽默感；有创见，不墨守成规，接受这个世界但对世俗不轻易苟同，此外，还应有意识地对生活环境进行改进并且有改变的能力。

### 怎样才能做到自我实现？

自我实现并不是一件容易的事，对希望自己的人生能够自我实现的人，马斯洛提出了以下建议可供参考：

（1）首先要心胸开阔，不要让自己的心胸像个瓶颈，把自己的感情出口放宽。不管遇到什么情况，都试着从积极乐观的角度看问题，在做决定时要考虑长远的利害。

（2）积极地对待自己所面临的一切，对生活环境中的一切，多欣赏、少抱怨；对生活的不如意之处，也能做到不气馁，设法改善；不要光说不做，用实际行动来代替空谈。

（3）要有自己积极而有可行性的生活目标，并认真地全力以赴求其实现，但也不能期望一定要实现。有正确的是非观，只要自己认清真理正义之所在，就应站在正义的一面，纵使违反众议，也应挺身而出，并坚持到底。

（4）偶尔放松下心情，不要使自己的生活过于死板、僵化，为自己在思想与行动上留一点弹性空间，这样不仅自己得到放松，也有助于自己潜力的发挥。与人相处要坦率，不要隐瞒你的长处和缺点，也让别人分享你的快乐与痛苦。

中国先哲的目的是"心中乐地"，也就是在实践中实现自己的道德人性，从中得到真正的精神享受。这种实现主张在现世人生中实现最高理想，而并不需要彼岸的永恒和幸福，属于现世主义。它指出永恒和幸福本来就在你心中，只要你有需求就可以随时去实现和受用。中国人的"立德、立功、立言"，体现的就是中国文化在价值取向上的现世特征。

但是，任何事物都是把"双刃剑"，这种现世的自我实现也引出了中国人的功利主义、家族主义和个人主义。它完全不同于追求永恒的精神境界，二者形成明显的反差。这种现世的自我实现成就了中华民族勤劳忍耐的美德，但也导致了中国人的另一些弊端，即易于满足，长期安于小农生活。

## 什么是社会行为？

社会行为是指群体中不同成员分工合作，共同维持群体生活的行为。社会行为主要表现为各种动物群居在一起，它们之间相互影响，相互作用，构成一种群居生活。

在自然界中，大多动物都是在群体生活中度过的，只有蜗牛、海龟等极少数动物的一生都是在独来独往的一个人的生活中度过的，它们往往是在生殖季节时找一个临时伴侣共同生活，等生殖过后就各奔东西，从此不相往来。但这毕竟是少数，大多像蜜蜂、蚂蚁等动物，它们的生活高度社会化，基本上从一生下来就在一个拥挤喧闹的社会里。这样的动物，我们就把它称为社会性动物。

群居性动物的好处就是它们在一起协同作战、共同捕猎，在它们身上很好地印证了团结就是力量。不过，群居也有一定的弊端，这些群体动物往往会在食物资源、空间资源乃至配偶资源上很难达到协调，经常会有一些剧烈的竞争，难免产生纠纷，甚至血腥争斗。不过，在群居生活中，这些都是很基本的问题，如何趋利避害、保证种群的延续壮大，动物们自有它们的一套行为准则。

另外，群居的动物与其所处社会相关联的行为如同种动物所表现出来的行为也叫做社会行为，它与个体单独行为是相对应的。例如交配行为及与其相关联的一系列复杂的求爱行为，育儿、攻击、游戏等行为，亲昵、威胁、合作动作、食物分配等行为，都可以看作是它们的社会行为。具体来说，就是进行该行为的个体，通过引起对方的行为展开个体间的各种关系。大多数社会行为是先天就有的，这一点我们人类也并不例外。

其实，每一种动物都有它特殊的行为。如捕食、供给、求偶等，每种动物的行为表现都不是一样的。而且越是低等的生物，行为越简单。动物的行为有明显的遗传因素，有些则与环境密切相关，动物的社会性也会在生存和繁殖的进化过程中不断发展变化着。

## 什么是态度？

态度，从心理学的角度来讲，它是人们在自身道德观和价值观基础上对事物的评价和行为倾向。态度由三个要素构成：一是对外界事物的内在感受，包括自身所持有的道德观和价值观；二是情感，即爱恨悲喜，包括对某一事物的喜好憎恶；三是意向，即某种谋虑、企图等。

态度的三要素是统一的，只要激发态度中的任何一个表现要素，另外两个要素也会受到启发并作出相应反应，感受、情感和意向这三个要素具有协调一致的特征。

感受指的是人们对事物存在的价值或必要性的认识，它包括道德观和价值观，价值观影响人的行为主要是以得可偿失为基准，而道德观则能使人们不惜任何代价甚至是不惜生命来达到一些目标；态度中的情感包括道德感和价值感两个方面，是一种较复杂而又稳定的评价和体验，与社会性联系得很密切；意向是指人们对待或处理客观事物的活动，是人们的欲望、愿望、希望、意图等行为的反应倾向。

一个人的态度取决于人们基本的欲望、需求与信念，从认知过程来说也就是道德观与价值观，就行为过程来讲可以分为三个层次，即个体利益心理、群体归属心理和荣誉心理三个层次。

态度从存在的形式角度还可以分为外显态度和内隐态度。外显态度是指我们意识到的并易于报告的。内隐态度也是人们常有的，只是不易察觉，它是无意识的、自然而然的、不受控制的评价。

好的态度包括：热情、乐业、耐心、恒心、爱心、努力和毅力

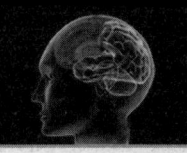

等。坏的态度包括：冷漠、冷酷、残忍、恶毒等。

## 什么是应用社会心理学？

应用社会心理学是社会心理学的一个分支学科，它指的是运用社会心理学的理论和方法，研究和解决现实生活中的社会问题。

早期的应用社会心理学还没作为一个学科时是与工业心理学结合在一起的。工业心理学的研究目的在于提高劳动生产率和发挥人的潜能以创造出更多的劳动成果，所以它所研究的问题无外乎两个方面，一方面是人与工作的匹配问题，即人—机关系问题；另一方面研究工作中的人际关系，即人—人关系问题。这里的人—人关系就属于应用社会心理学研究的内容。但是，近年来，关于企业中的组织管理问题所产生的作用越来越明显，人—人关系日益受到重视，美国心理学会把工业心理学分支改称为工业与组织心理学分支。

但是自20世纪60年代下半叶至70年代上半叶，美国实验社会心理学产生了一些问题，因为它仅仅是在实验室里进行研究，所得出的研究结果的应用性并不那么明显，受到怀疑，所以就需要在现实生活条件下进一步加以检验，从而使应用研究得到更多的重视。

因为社会心理学的应用性强，所以一些人把它视为心理学的一门应用学科。但是随着时间的发展和它本身的研究意义所在，它已经逐步形成专门的并完整的学科理论体系，而且还有自己的一系列应用研究领域，因此，它早已不再是一门单一的应用学科。

就目前的发展现状来看，应用社会心理学的研究领域已涉及人类生活的各个重要方面。它与工业、医学、教育等的联系非常紧密，而且与工业心理学、医学心理学、教育心理学等结合，已形成了工

业社会心理学、医学社会心理学和教育社会心理学等。此外，它的研究领域遍布生活的各个方面，如家庭婚姻问题、宣传问题、司法和犯罪问题、民族问题、宗教问题、社会工作问题、环境问题等。因此，应用心理学的发展是必然的，不管是在心理学的研究中，还是在我们的生活中都占有很重要的位置。

## 什么是环境心理学？

环境心理学也是社会心理学的一个分支，它是研究环境与人的心理和行为之间关系的一个应用社会心理学领域，又可以称为人类生态学或生态心理学。这里所说的环境主要是指物理环境，包括噪音、拥挤、空气质量、温度、建筑设计、个人空间等等，但也涉及一些社会环境。

环境心理学是从工程心理学或工效学发展而来的。工程心理学是研究人与工作、人与工具之间的关系，环境心理学就是把这种关系推而广之，研究的是人与环境之间的关系。

虽然社会心理学研究的是个人，但人都需要存在于一定的环境中，因此对其所处环境的研究也是对社会个体研究的一个重要因素，环境心理学已经成为社会心理学的一个应用研究领域。从系统论的观点看，自然环境和社会环境都对行为有很重要的影响，二者是统一的。

环境心理学所研究的课题包括以下几个方面：

（1）噪音问题。从目前噪音的危害程度来看，它已经是许多学科所研究的课题，也是环境心理学的主要课题，其主要研究的是噪音与心理和行为的关系问题。

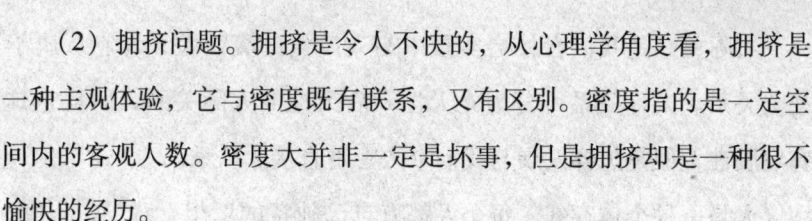

（2）拥挤问题。拥挤是令人不快的，从心理学角度看，拥挤是一种主观体验，它与密度既有联系，又有区别。密度指的是一定空间内的客观人数。密度大并非一定是坏事，但是拥挤却是一种很不愉快的经历。

（3）建筑结构和布局也是环境心理学所研究的课题。不同的住房设计引起不同的交往和友谊模式。但是如果建筑或设计并不理想，不仅影响生活和工作在其中的人，对外来访问的人也有一定的作用。

（4）环境心理学的研究还有一个很重要的课题就是对空气污染的研究。虽然空气污染对身体健康的影响早已引起人们的注意，但其对我们心理的影响却才引起重视。经研究表明，在有些条件下，空气污染可引起消极心情和侵犯行为。

（5）温度也是环境心理学的一个重要组成部分。夏日的高温会引起暴力行为增加，不过在温度达到一定点时再升高则不导致暴力行为而导致嗜睡。此外，温度也与人际吸引有关，温度影响人的情绪，人往往在高温室内要比在常温室内易于对他人作出不友好的评价。

## 什么是人际关系？

人际关系也称为人际交往，它是指社会人群中因交往而构成的相互联系的社会关系，属于社会学的范畴。在中国经常指人与人之间形成的交往关系的总称，包括亲属关系、朋友关系、学友关系、师生关系、雇佣关系、战友关系、同事及领导与被领导关系等各种社会存在的关系。

人际关系是我们在社会实践中与人产生的交往关系，它从属于社会关系。人际关系可分为先天性和后天性的人际关系，而且它具有发展性，但是怎样发展与我们个人有着直接的联系。

人是一种个体存在，每个人都有自己独特的思想、背景、态度、个性、行为模式及价值观，但是每个人的情绪、生活、工作往往都会受到各种人际关系的影响，从而对组织气氛、组织沟通、组织运作、组织效率也产生一定的影响，所以，人际关系不管对个人还是社会都有极大的影响。

由此可知人际关系非常重要，它是人处于这个社会上的基本需求。人际关系不仅可以帮助我们了解自己认识自己，同时可以检验我们的实践，人际关系还可以用来检定社会心理是否健康。

此外，社会心理学经过大量的研究发现，在人际上，我们对不同熟悉程度的人，自我暴露的广度与深度上是明显不同的。不过人都有不愿暴露的隐私，一般都是藏在最深层的领域。

领域性是不管人还是动物都有的本能。心理学家发现，任何一个人，在自己的周边都会有一个自己的空间，自己把握。只要别人闯入就会认为受到严重的侵犯，使人感到压力、产生焦虑，从而调整与他人的距离。

所以在人际交往中，我们应该调节好与不同人的距离，还要注意自我暴露不能太快，否则会适得其反，招人讨厌。而且在自我暴露中还有一些相互的原则，比如我们都喜欢那些和我们有着亲密关系而自我暴露水平相同的人。

一般来说，当我们和他人交往时，处于怎样的一种人际关系还取决于具体的情境及双方的关系。当然，文化及习惯的影响也不容

忽视。

## 什么是从众心理？

从众心理是指人们不自觉地以多数人的意见为准则，作出判断、形成印象的心理变化过程。

作为大众群体中的个体，在信息接受过程中，所采取的是与大多数人相一致的心理反应和行为对策倾向。从众是适合人们心意并且受欢迎的。不从众不但让人讨厌，还会引起祸端。譬如，车来车往的道路上，一位反道行驶的汽车司机；炮火连天的战场上，一名偏离集体、误入敌区的战士；万众安静观赏的剧场里，一个观众突然歇斯底里地大声喊叫……公众几乎都讨厌越轨者，甚至会对其群起而攻之。

作为一个心理学概念，从众心理是指个体在受到真实的或臆想的群体压力时，在认知上或行动上以绝大多数人或权威人物的行为为标准，从而在行为上努力与之趋向一致的现象。

从众心理包括思想上的从众，也包括行为上的从众。从众本就是一种普遍的社会心理现象，从众心理本身并无好坏之分，主要在于在什么问题及场合上产生从众行为，其表现有两个方面：一方面，具有积极作用的从众正心理；另一方面，具有消极作用的从众负心理。积极的从众心理可以起到彼此激励的作用，做出勇敢之举，有助于建立良好的社会氛围并使个体达到心理平衡，反之亦然。

一般来说，从众行为的结果有三种可能性：积极一致性；消极一致性；无异议一致性。

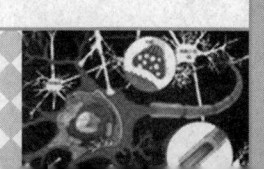

# 变态心理学篇

变态心理学

### 什么是变态心理学？

变态心理学研究人的心理与行为的异常，包括认知活动、情感活动、动机和意志行为活动、智力和人格特征等方面的异常表现，它是心理学的一个分支学科。也可以说，变态心理学，是研究和揭示心理异常现象的发生、发展和变化规律的一门特殊科学。

变态心理学又称病理心理学，是研究病人的异常心理或病态行为的医学心理学分支。它用心理学原理与方法，研究异常心理或者病态行为的表现形式、发生原因与机制及其发展规律，探讨鉴别评定的方法及矫治和预防的措施。变态心理有很多种表现形式。按照心理过程或者症状，可以分为感觉障碍、知觉障碍、注意障碍、记忆障碍、思维障碍、情感障碍、意志障碍、行为障碍、意识障碍、智力障碍、人格障碍等。按临床精神疾病的表现或者症状，可以分为神经症性障碍、精神病性障碍、人格障碍、药物和酒精依赖、性变态、心理生理障碍、适应障碍、儿童行为障碍、智力落后等等。

心理治疗和躯体治疗，是矫治变态心理的两大方法。心理治疗包括言语和非言语的心理疗法、催眠疗法、暗示疗法、行为疗法等，它是矫正变态心理的基本方法。躯体治疗包括精神药物治疗、物理治疗、心理生理治疗和外科治疗等。

预防是变态心理学中的一个很重要的方法。因为变态心理发生的原因非常复杂，所以需要各个方面采取综合性的预防措施才可以奏效。

另外，对因紧张刺激产生不能适应甚至引起自杀、婚姻和家庭破裂的现象的预防，以及减少心理社会因素的有害作用的方法，还

包括积极开展心理咨询工作，及时治疗各种心理疾病。

## 变态心理学是怎么发展起来的？

古希腊医生希波克拉底早在公元前四五世纪，已经试图用朴素的唯物主义观点解释心理异常现象。他坚持以无神论的角度，从患者的身体出发寻找原因，而不是祈求神的眷顾。

约在公元前1世纪，"心理障碍"与"心理不健全"的术语，被另一位古希腊医生阿斯克列皮阿德斯首先使用了。

公元前11世纪的殷代末期，中国就已有"狂"这一病名载于文献。

20世纪20年代后期，中国接受欧美各国有关变态心理学的著作传入。

70年代后期以来，随着医学在我国的不断发展，变态心理学的研究也取得了较大的进展。

## 变态心理学如何判定？

我们一般从三个方面考察评定心理现象是否异常：

（1）从统计学方面考察。处于群体中常态曲线两个极端的个体均属于异常。

（2）从个人生活史考察。把个体现在的心理情况与之前的进行比较，存在较大差异的属于异常。

（3）从社会适应状况考察。根据社会适应能力来评定是否属于心理异常。

此外，在评定心理现象是否异常时，不可忽略参考社会文化背

景等方面的资料。

## 什么是精神分裂？

精神分裂症是一种病症，主要表现为狂躁不安、偏执、抑郁、焦虑、幻听幻觉、敏感多疑、强迫急躁、思维紊乱、胡言乱语、乱摔东西、冲动伤人、不能控制自己等。病时患者经常会出现幻觉，总是有一些毫无根据的胡思乱语，总是看见奇怪的事物，闻到不舒服的气味，在事物中尝到一些特殊的味道、感受到一些虚幻的知觉，最后总是会导致悲观绝望而自杀。精神分裂症不管对个人还是对家庭、社会，都是一种极大的伤害。

精神分裂症并不只是一个简单的病症，构成精神病也没有单一的病因，对于导致它的几个可能的致病因素，现在的研究重点主要放在基因（遗传）、化学平衡失调、怀孕和分娩期间的并发症上。精神分裂症一般都发在同一家族中，近亲中有精神分裂症患者的比没有近亲患者的更容易发病。精神分裂症发生以下三类症状就需要治疗：精神病性症状、焦虑和抑郁。

精神分裂症是根据患者个人的临床情况、应对能力及个人意愿进行治疗，主要以心理方法为主，采用支持性心理治疗技术，对患者进行心理干预，以减少复发，减少社会应激，增进社会及职业功能。理想的个人心理治疗一般都是自己亲近的人富于同情、善解人意并耐心地持续地帮助进行心理治疗。当然不同的病症有不同的治疗技术，在制定具体治疗计划时应按疾病的不同时期进行规划。较适合于精神分裂症的心理治疗技术有激励疗法和行为治疗等。

另外，治永远不如防，对精神病的预防，我们要做到以下几个方面。首先是要有健康快乐的生活环境。常说"病由心生"，特别是精神病，它与个人的情绪、性格、处境等都有着很密切的关系。二是要有宽广的心胸和积极向上的生活方式。不要将自己的目标定得过高，不要过分计较个人得失，用一颗平常心对待生活中的一切，做到知足常乐。三是人难免会有情绪问题，如果发现自己有了不健康的心理，应该及早调整心态或找心理医生咨询，不要等严重到了精神病这一步才去医院。

## 什么是精神障碍？

精神障碍是一种病症，是指由于各种生物学、心理学以及社会环境因素的影响，导致中枢神经系统功能失调的一类疾病的总称，临床表现为认知、情感、意志和行为等各种精神活动出现异常。精神障碍的范畴很广，泛指一切因精神问题而影响到个体心理的社会功能障碍。

精神障碍的致病因素有很多方面，包括先天遗传、个性特征及体质因素、器质因素、社会性环境因素等。精神障碍患者一般都表现为有妄想、幻觉、错觉、情感障碍、哭笑无常、自言自语、行为怪异、意志减退等各种行为，很多病人还表现为缺乏自知力，他们并不认为自己有病，不但不主动寻求医生的帮助，而且对治疗很排斥。常见的精神病有：精神分裂症、躁狂抑郁性精神障碍、更年期精神障碍、偏执性精神障碍及各种器质性病变伴发的精神障碍等。

单从心理学的角度来看，引起精神障碍的主要因素有两个：一

是人格，首先人格的不健全很容易导致精神障碍，同时人格障碍本身就是一种精神障碍，而且某些人格障碍与特定的精神障碍有密切联系。另一个容易引起精神障碍的就是应激，应激虽然不是导致精神障碍的直接原因，但是它是精神障碍的潜在诱因。

在生活中，我们经常会听到心理变态一词，其实它指的就是精神障碍，是老百姓的术语，泛指一切反常的令常人不能接受的心理现象或者外在的行为现象。

另外要说的是，精神障碍并不是指精神病，精神病特指具有幻觉、妄想或明显的精神运动兴奋或抑制等精神病性症状的精神障碍，最典型的有精神分裂症、偏执性精神病、重性躁狂症和抑郁症。它们都只是精神障碍中的一小部分。

## 什么是感觉障碍？

感觉障碍是指在反映刺激物个别属性的过程中出现困难和异常的变态心理现象。这种变态心理现象一般表现为对外界的刺激稍有一点动静就能感受得到，并且感受能力会突然增高；相反，有时也会出现对外界刺激感受迟钝的现象；有时也会有对外界刺激物的性质产生错误的感觉；另外，感觉障碍还包括对来自躯体内部的刺激产生异样的不适感。

心理学通过对感觉障碍脑机制的大量研究，肯定了人类大脑皮层中央沟后部区域的损伤与感觉障碍的发生有关。而且感觉障碍在人的各种心理过程中都有十分广泛的重要影响，如它可以造成知觉障碍，使运动反馈信息紊乱而导致运动功能失调。在临床上，神经病和精神病都有感觉障碍的症状，特别是神经病感觉障碍的症状非常明显。

感觉障碍从它所产生的现象来看可以分为四类：

（1）感觉过敏：指对外界刺激的感受性增强，对所发生的哪怕一丁点变化都能感受得到，感觉阈值降低。

（2）感觉减退：指对外界刺激的感受性降低，主要表现为对所发生的事反应迟钝等，感觉阈值增高。

（3）感觉倒错：指对外界刺激产生错误的感觉，是与正常思维完全不同或完全相反的异常感觉。

（4）内感性不适：感觉障碍还会引起人体内的不舒适，在躯体内部会产生各种难以忍受的感觉，而且都是异样的感觉，人又很难表达出来。如感到体内有牵拉、挤压、撕扯、转动、游走、溢出、流动、虫爬等特殊感觉。它的一个不足就是病人总是不能明确指出体内不适的部位。

## 什么是注意障碍？

注意障碍经常是跟意识障碍相伴而来的，一般任何部位的大脑病变，特别是病变的发生比较广泛时，都会对注意造成一定的影响。有的会减低人们的觉醒程度，从而嗜睡状态过高，有的也会增加觉醒程度，从而使自己总是处于紧张焦虑的状态，这些都会影响注意力的集中无法持续。注意障碍在生活中很常见，比如，家长经常抱怨"孩子注意力不集中，上课小动作特别多，他自己也知道，但没办法改正"，其实，这就是注意障碍的一种。另外，一般患有精神分裂症和儿童轻微功能障碍综合征的也有注意的缺陷。

注意障碍主要可以分为以下六种：

（1）注意增强：这种人总是对外界的一切或自己所怀疑的人保

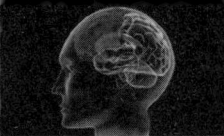

持高度的警惕和注意，有时会将注意指向外在的某些事物。如具有妄想观念的病人，常根据自己的某些观念进入一个有系统的妄想，只要是自己所怀疑的人他就过分地注意，观察他的一举一动，甚至某些微小细节都不放过。

（2）注意减弱：主要是指注意力无法集中，表现为主动注意明显减弱，患者经常无法把注意集中于某一事物并保持相当长的时间，注意力非常分散。多见于神经衰弱和精神分裂症。

（3）随境转移：这种患者表现为对注意的事物异常兴奋，但注意不持久，注意的对象不断随着自己一时的兴趣而不断转移。只要外界发生一些偶然变动就会将患者注意力吸引到另一方面去。

（4）注意迟钝：这种患者通常表现为感应迟钝，注意兴奋性的集中困难和缓慢，但是注意的稳定性障碍较小，如果对他连续提出几个问题，他的回答就显得非常缓慢，主要是由于注意的兴奋性缓慢和联想过程的缓慢。多见于抑郁症。

（5）注意狭窄：这种患者主要表现为注意力总是集中在一个事物上，注意范围显著缩小，主动注意减弱，其他易于唤起注意的事物并不引起患者的注意。多见于朦胧状态和痴呆。

（6）注意固定：患者的注意稳定性特别强，如某些发明家和思想家，固定注意一定的观念，牢固的观念控制了他们整个的意识，特别是这种思考与相当强烈的情绪反应有联系时，抑郁症以及具有顽固妄想观念的患者，将注意总是固定于这些妄想观念上。

在这六种症状中，注意减弱和注意狭窄最为常见。

## 什么是思维障碍？

思维是人脑对客观事物间接和概括的反映。这就是说，思维的

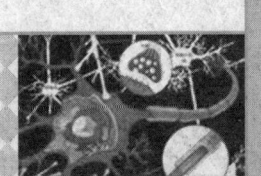

过程是不依靠实际的物体的，它是利用已知的知识为媒介，对某些事物进行分析概括以至在大脑中形成一种概念或想法。它反映的是事物的本质和事物间的内部联系。

思维过程包括分析、综合、比较、抽象、概括、判断和推理等基本过程，通过联想和逻辑过程来实现。

正常思维过程具有目的性、连贯性和逻辑性。思维在个体发展中具有很重要的意义：首先，当思维内容付诸实践就会产生一定效果，并在现实中得到检验；其次，经常进行思维的人都有相应的内省体验，知道自己思维活动属于自身，可以进行自控。

那么，什么是思维障碍呢？当思维过程和内容发生异常时，上述正常思维特征就产生了改变，这被称为思维障碍，也是精神病人的一种重要症状。因为思维属于个体的内在活动，都是通过语言表达的，所以我们可以通过与病人的对话来检查思维有无障碍，有时也要收集病人的书面材料，并听取病人对其行为的解释。

思维障碍也有多种不同的分类，在临床上，目前倾向分为四类：

（1）思维速度障碍，主要表现为思维过程加快或迟缓。

（2）思维形式障碍，表现为在思维的过程中，没有目的性，结构不合理，以及不合逻辑等，也称为联想障碍。例如思维散漫。

（3）思维控制障碍，这一类患者通常会感觉到思维不属于自己，所以在进行思维活动时就失去了自主性，或觉得无法控制自己。例如思维剥夺、思维插入、思维播散等体验。

（4）思维内容障碍，这类患者在思维的过程中不切合实际，经常妄想。它是妄想观念，强迫观念等产生的主要原因。

这种分类主要是根据临床诊断的需要，在研究时比较集中于精

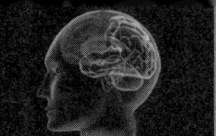

神分裂症思维障碍的研究，而对器质性脑病或其他精神的思维障碍关注较少。

## 什么是情感障碍？

情感障碍，近年来在国外被改称为心境障碍，主要表现为情感高涨（躁狂）或低落（抑郁），或两者交替出现。情感障碍严重者称为情感性精神病。

其实，人的各种情感——从欢喜、愤怒、恐惧等较原始的情感，到爱、恨、痛苦、嫉妒等更多地属于人类文明的情感，都对我们的生活有着深刻的影响，甚至影响着一个人的人生发展轨迹。人们在感知事物时，都会伴随着一定的态度以及外部表现，包括对来自躯体内部的感觉和对外部世界的感知，如面部表情、身体的姿势和音调的高低等。这些表达喜、怒、哀、乐、爱、憎等体验和表情就是情感活动，它是人类对客观事物的主观态度。例如，一个人在听到好消息和坏消息时就会有截然不同的两种反应，听到好消息时就会产生高兴和喜悦的体验，流露出的表情也是愉悦的，并且发笑。而当听到坏消息时，随之可产生悲哀和痛苦的体验，流露出的就成了忧愁的表情，并会哭泣。

但是在当代社会生活中，伴随着生活节奏的加快和生存竞争的加剧，越来越多的人表现出情感异常所引起的抑郁症、暴力倾向等心理疾患。这些都属于情感障碍，它不仅仅只是引起生活的抑郁和反常，干扰我们人类对幸福生活的追求，更严重的甚至会引起自杀、伤害他人等严重的后果。

科学家通过实验发现，情感障碍的产生主要是来自于人类大脑

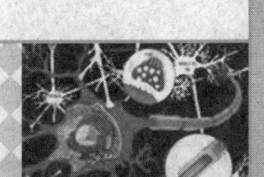

的扁桃体受损。比如有一种病叫伍巴哈—威提症，患这种病的人无法判断他人的表情。通常我们为了避免给自己带来麻烦，一般会远离正在发怒的人，但伍巴哈—威提症患者却读不出发怒者脸上的表情，仍然满不在乎地接近发怒者，结果使自己受到伤害。由此可见，人类的一些情感障碍必然伴随着大脑生理上的改变。

### 情感障碍有哪些表现？

情感障碍主要表现在以下几个方面：

（1）情感高涨：这时候病人的情感活动会处于高度兴奋状态，表现为非常轻松愉快、兴高采烈、好像没有任何忧愁与烦恼，表现为极度的自负自信，甚至夸大。不过他的这种乐观情绪富有很强的感染力，很容易带动他周围的人，引起共鸣。多见于躁狂状态。

（2）欣快：这类病人经常是开心的，似乎心情一直很好，好像曾有过十分愉悦的体验，但这种情感障碍时常伴有智能障碍，因此，此时病人即使很高兴，其面部表情都给人以呆傻的感觉。这种症状常见于脑动脉硬化性精神病、老年性痴呆及麻痹性痴呆等疾病。

（3）情感低落：这类病人通常表现为忧心忡忡，轻者整日情绪低沉、愁眉不展、唉声叹气，严重的可能会出现忧郁、沮丧，甚至出现自杀意念或自杀行为。多见于躁郁症抑郁状态、反应性抑郁状态和更年期忧郁状态。

（4）焦虑：这种病人可以用"杞人忧天"来形容，指病人经常在无任何明显指示的情况下，总是担心自己会受到安全威胁和其他不良后果的心境。通常表现为坐立不安、不可终日，而且任你劝解也是无用，也无法消除其焦虑。多见于焦虑症、疑病观念、更年期

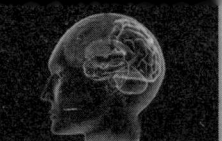

忧郁状态、神经衰弱等。

（5）情感淡漠：这种病人对任何事物和情况都漠不关心，不管外界如何刺激都引不起他相应的情感反应，即使一些跟自己切身相关的大喜大悲也无法引起他们多么强烈的反应，他们总是泰然处之。多见于慢性精神分裂症和严重的脑器质性痴呆病人。

（6）情感倒错：这类病人明显地想的跟做的不一样，这是由认识过程和情感活动之间不能协调一致所造成。此时病人的情感反应与思维内容不协调，比如遇到悲痛的事却高兴愉快，而遇到高兴的事则痛苦不已，产生了感情的倒错。

（7）情感爆发：这种病症具有爆发性，它是在一定的心理因素作用下突然发作的爆发性情感障碍。病人通常表现为喜怒无常、大喊大叫或兴高采烈，整个现象变化非常大，简直天差地别，不过这种病症并不影响病人对周围事物的感知。常见于癔病。

（8）易激怒：这是指病人很容易受到刺激而产生不愉悦的心情，即使很轻微的刺激，也易产生剧烈的情感反应，通常表现为很容易生气，甚至大发雷霆，与人争吵不休；而且有时还会带有冲动行为。常见于癔病、神经衰弱、躁狂状态或脑器质性精神病。

## 什么是意志障碍？

意志也是一种心理过程，它是人自觉地确定行动的目的，并通过支配并控制自己的行动去努力实现这一目标。它可以从人的行为中表现出来，它还会受到多个因素的影响，如人的思维、情感的支持以及社会文化的制约等，而且个体人格特征也会对它产生一定的影响。意志障碍的患者通常表现为犹豫不决、行动上举止不定、经

常忧心忡忡，常见于焦虑与强迫症。另外，有意志障碍的病人还经常易受到别人的影响，他们的思想和行为往往会因为别人的言语、态度而发生改变，没有选择地按别人的观念行事，多见于癔症。

意志障碍可以分为以下几类：

（1）意志增强：这种病人经常会表现得非常自信而且固执，在病态动机和目的支配下，出现意志活动增多与意志力量增强的现象。如躁狂状态，多见于有妄想的精神病人。

（2）意志减弱：这种病人有点自卑，没有进取心，表现为意志活动减少和意志力量减退，缺乏主动性。如抑郁症，多见于精神分裂症和瘾癖。

（3）意志缺乏：它指的是意志力非常缺乏，病人对生活没有一点热情，意志活动极度减少或缺乏，意志力量极度减退。对周围的事物没有任何兴趣，也从来不为前途打算，对一切行为都失去动力。其表现为缺乏要求或打算、生活被动、处处均要别人督促，常见于晚期精神分裂症与痴呆。

（4）意向倒错：指患者的想法与正常人的思维完全不一样，经常会做出一些伤害自己的事，比如吃粪便，但自己却全然不知，让人难以理解。

（5）强迫意向：这种病人经常会感觉到，有一种想要做某种违背自己意愿的动作或行为的冲动。而且他自己清晰地知道这其实是错误的，是荒谬的，但又无法摆脱这种内心冲动。如当自己一人站在高楼上时，有一种想要跳下去的冲动。

## 什么是行为障碍？

行为障碍是由各种心理过程障碍导致的结果，它产生的原因有

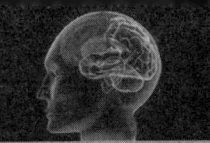

很多。它按其表现通常可以分为精神运动性抑制与精神运动性兴奋两类。患有此症的病人不但有动作阻滞，还有言语抑制。主要表现有：

（1）木僵：这种患者经常表现为呆板，动作明显减少、姿势刻板固定、不言不语、不食，甚至不解大小便。严重木僵主要见于精神分裂症紧张型、器质性病变。它的表现近似于患有抑郁症的病人，当其发生精神运动性抑制就已经转化为木僵。另外，强烈的精神创伤也可能引起木僵，不过时间不会太长，这种木僵称为"心因性木僵"，它经常还会伴有意识障碍。

蜡样屈曲就是在木僵的基础上发生的。它的意思是指这时的患者病症已经很严重，你任把他的肢体、头部摆布成各种姿势，即使不舒服，他们也如蜡塑成的一般能维持很长时间。有时把躺着的患者的枕头抽去后，头仍悬空不动，"空气枕头"就是由此而来。

（2）违拗症：顾名思义，这种病人总是以违拗的态度来对待别人的一切，即对要求做的动作表现抗拒，如要他张口，他反而咬得更紧；要他坐时，他偏站立。这种现象被称为生理性违拗，也是以精神分裂症多见。

（3）刻板言动或刻板症：指患者不清楚目的只是一味地去重复其言语和动作，多见于精神分裂症。重复语尾和重言症是持续言语的特殊形式。重复语尾是指病人不断重复一句话的尾音或最后一个字；而重言症是指重复言语频率越来越快。持续言语多见于脑器质性疾病。

（4）模仿症：这种病人总是喜欢模仿别人的言语动作。多见于儿童、低能、器质性脑病与精神分裂症。

（5）作态：这种患者总是喜欢做出一些奇怪的表情或动作，只有他自己知道表示的是什么意义，但是其他人都无法理解。通常见于精神分裂症和某些器质性脑病变。不过，作态也可见于某些并非精神病的人。

## 什么是意识障碍？

意识障碍是指人对周围环境以及自身状态已经失去了认知能力，识别和觉察能力出现障碍。它包括两种病症，一种以兴奋性降低为特点，主要表现为嗜睡、意识模糊、昏睡甚至昏迷；而另一种是以兴奋性增高为特点，表现为高级中枢急性活动失调的状态，包括意识模糊、定向力丧失、感觉错乱、躁动不安、言语杂乱等。意识障碍通常包括以下几种类型：

（1）谵妄状态：这种状态下的病人通常是意识非常的不清晰，而且注意力无法集中，定向力差，自知力有时相对较好。这种患者思维比较活跃，常有丰富的想象及幻觉，主要以错视为主，而且形象又非常的逼真，因此会恐惧、外逃或伤人。急性谵妄状态多见于高热或中毒，如阿托品类药物中毒。慢性谵妄状态多见于酒精中毒。

（2）昏睡状态：也称浅昏迷状态，这时候的意识处于严重不清晰的状态。除了昏迷同时会出现一些防御反应外，对外界刺激几乎没有任何主动反应，病人通常处于迷糊状态，有时会发出含混不清的、无意义的喊叫。它们几乎无任何思维内容，整天闭目似睡眠状。不过一些咳嗽、吞咽、喷嚏、角膜等脑干反射均存在，没有变化。

（3）昏迷状态：昏迷比昏睡又要严重一些，它对外界刺激完全没有任何反应，就是疼痛刺激也不能引起他的任何反应。同样没有

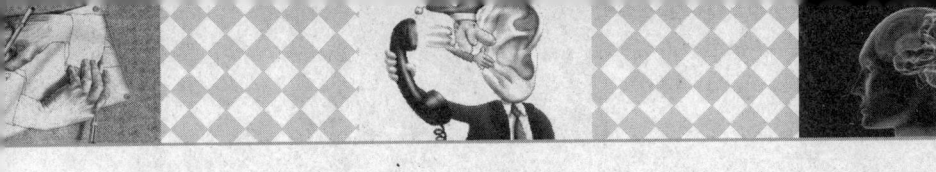

思维内容，但是不喊叫。一些基本的脑干反射非常迟钝，如吞咽和咳嗽反射。腱反射减弱，往往出现病理反射。

（4）深昏迷状态：它已经是最严重的意识障碍了。这里，脑干发射、腱反射等通通消失了，肌张力低下。再严重的连病理反射也消失，个别病人出现去大脑或去皮层发作。

另外，在意识障碍中还有一种特殊的状态，即木僵状态，患者意识不清楚，但整天整夜睁眼不闭，不食、不饮、不排尿、不解便、不睡眠，而且对外界刺激无反应，这就是我们所说的植物人。常见于弥散性脑病的后遗症。

除了上述内容，还有些特殊的意识障碍，如无动性缄默症和闭锁综合症等。这两者相似于木僵状态，它们都是意识清楚但无法表达。

### 什么是人格障碍？

严格意义的人格障碍，是变态心理学范围中一种行为特征，它介于精神疾病及正常人格之间。

人格障碍是患者形成的特有的行为模式，人格特征显著偏离正常，会对环境产生不良的影响，其社会功能也会受到影响，甚至与社会发生冲突，给自己或社会造成一定的损害。

人格障碍通常都是从幼年开始，定型于青年期，持续至成年期或者终生。如果儿童少年期的行为异常或成年后的人格特征偏离还没有影响到他们的社会功能时，暂不诊断为人格障碍。关于人格障碍，一般认为大多发病于监狱、福利部门等某些机构中。

那么，人格障碍是由哪些因素造成的呢？

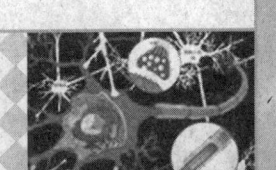

（1）生物学因素：根据调查显示，亲属中人格障碍的发生率与血缘关系呈正比，血缘关系越近，发生率越高。另外研究者还通过对双生子与寄养子的调查，结果显示遗传因素的确在人格障碍中起着一定的作用，但其他的家庭、社会环境及教育因素也不容忽视。

（2）社会环境因素：社会环境因素在人格障碍的形成中占有主导的地位。首先，儿童由于大脑发育未成熟，有较大可塑性，社会环境会给儿童的个性发育带来很重要的影响，如果教育不合理就有可能导致人格的病态发展，因此，缺乏家庭正确教养或父母的爱是发生人格障碍的重要原因。Patridge 曾经强调病态社会的不良影响，他指出只有健康的社会才能避免发生精神破裂，而恶劣的社会风气和不合理的社会制度都可能会对儿童的身心健康造成一定的影响，而这些又与人格障碍的发生有很大的关系。

总之，我们要重视儿童期的教育和影响，要知道父母对子女的遗弃、虐待、专制、忽视、溺爱和放纵都可以影响子女的人格发育，导致人格障碍。当然，还应避免儿童受到各种精神创伤，幼年失去母爱或父母死亡都会影响到儿童个性的发育。

## 人格障碍可以分为哪几类？

人格障碍可以分为以下八类：

（1）偏执型人格障碍：这种病人以猜疑和偏执为主要特点。其主要表现为多疑，无法对其他人信任，怀疑他人的忠诚，总是时刻过分表现出警惕与防卫；自我意识非常强烈，总是认为自己才是对的，过分自负，不肯承认自己的挫折和失败，总是想尽办法将错误归咎于他人；容易产生病理性嫉妒，对挫折和拒绝特别敏感，因此，

这种人的人际关系非常不好。

（2）分裂型人格障碍：这种患者总是有奇特的观念、外貌和行为，在人际关系方面无好无坏，因为这种人往往情感冷淡。对人、对事、对生活都缺乏热情，一切冷淡处之，因此也较少与人发生冲突。

（3）冲动型人格障碍：又称暴发型或攻击型的人格障碍。这种人的冲动主要表现在行为和情绪方面，而且在发作之前没有先兆，不能自控，所以经常很容易与他人发生冲突。但是发作之后能认识到自己的不对，间歇期一般表现正常。

（4）强迫型人格障碍：以要求严格和完美为主要特点。这种病人总是希望自己的所有事都能万无一失，因此总是遵循一种他所熟悉的常规，有了新的变更就会手足无措。由此我们可以看出这种人做事太过谨慎和小心，缺乏想象，不会利用时机，优柔寡断也是其特点之一。

（5）表演型人格障碍：这种人过于注重自我，喜欢引起别人的注意，以高度的自我中心、过分的情绪化和用夸张的言语和行为吸引注意为主要特点。

（6）悖德型人格障碍：这种人的很多行为都有悖于道德要求，感情冷淡、易激怒，常发生冲动性行为；经常给别人带来痛苦而不自知，不负责任，甚至违法乱纪，缺乏自我控制能力。

（7）自恋型人格障碍：这种人总是认为自己有多了不起，好出风头，喜欢别人的注意和称赞。他们从不考虑别人的利益，不择手段地占人家的便宜，而不考虑这对自己的名声有何影响。这种人还严重缺乏同情心，不能理解别人。

（8）被动攻击型人格障碍：这种人也就是人们通常所说的"小人"，他们即使对人不满也不会表现出来，表面唯唯诺诺，但是在心里却在想方设法拖拉敷衍，常常找借口故意把事情搞糟。

## 什么是幻觉？

幻觉也是一种知觉，它是指在没有客观刺激作用于相应感官的条件下，而感觉到的一种真实的、生动的知觉。它与错觉不同，错觉是在真正的外在刺激下，产生错误的反应的认知。幻觉属于知觉障碍的一种，主要分为幻听、幻视、幻触等，最常见的是幻听、幻视等。幻觉一般都发生在精神病人身上，不过正常人有时在一定的情况下如紧张、疲劳、高烧时也有可能会出现幻觉。

通常患有某种精神病或在催眠状态中的人常出现幻觉。虽然我们都知道这种幻觉是一种虚幻的表象，是根本就不存在的，但是病人并不这么认为，在他们的意识里，他们感知它的存在。当然，正常人偶尔也可出现幻觉，这种幻觉与他们的心理有很大的关系，此外在受到突然强烈的刺激下也可出现幻觉。比如你在殷切的等待某一人的时候会突然听到脚步声，这就是幻觉。另外在高度紧张情绪的影响下，也可出现某种瞬逝片断的幻觉，不过正常人的这种幻觉都不会持续太长时间，它随着心情的好转和进行适当的治疗，就会痊愈。

幻觉有时候也会出现在一些异常心理的状态下，在这种心理状态下，患者通常会放弃那些客观的、真实的观念，以自己心里出现的一些心理状态作为反应，但却把它们当成了外部刺激的特征。

有些专家认为，大脑应该需要受到某种最低程度的来自环境的刺激，如果这种最低的条件都达不到，或者是被一些心理障碍因素

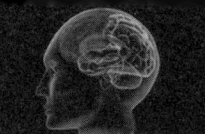

给破坏，这时候大脑通常就会根据过去的经验、人格因素等重新构建现实与环境的意义，也就产生了幻觉。所以，根据这种理论，每个人都有可能会产生幻觉，只不过一般都会控制住这种能力，因为与感官的真实刺激相互的作用被大脑不断地检验，所以就会抑制。

另外，还有一些并不是真正的幻觉，比如一些药物可以导致幻觉产生，这种幻觉与自我产生的幻觉是不同的，它只不过是药物对大脑产生作用的结果。

### 什么是恐惧症？

恐惧症就是对某种物体或某种环境所产生的一种不适应的恐惧感，这种恐惧是潜意识的、无理性的。患有恐惧症的人一旦面对某种物体或环境时，就会产生一种极端的恐惧感，因为他总是害怕处于那种环境，所以他总会想尽各种办法来躲避这种环境。

恐惧症的病因也不是单一性的，它包括遗传因素和自身所存在的精神压力。遗传因素是指生物学上的因素，有的人会带有遗传性的性格脆弱，天生紧张而显神经质，这类人就很容易产生恐惧感。而另一因素是因紧张和压力造成，通常是指在生活中人们有时会遇到一些无法解决的压力，而产生恐惧感。

恐惧症是以恐惧症状为主要临床表现的一种神经症。他们所害怕的事物或处境都是特定的、外在的，尽管当时并无危险，恐惧者也会极力地躲避那个特定事物或是环境，恐惧发作时往往伴有显著的植物神经症状。恐惧反应与引起恐惧的对象极不相称，他本人也知道没什么害怕的，害怕是过分的、不应该的或不合理的，但却无法控制自己，不能防止恐惧发作。一般恐惧的对象可能只是一个，

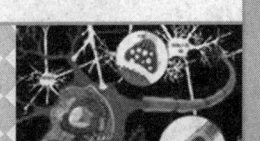

也可能是多种的，如动物、广场、闭室、登高或社交活动等。青年期与老年期发病者居多，女性更多见。

我们通常将恐惧症归纳为三大类：

（1）场所恐惧症，在恐惧症中非常常见，又称广场恐惧症、旷野恐惧症、聚会恐惧症等。在恐惧症中约占60%。大多起病在25岁左右，35岁左右为另一发病高峰年龄，女性多于男性。

（2）社交恐惧症，常发生在17~30岁期间，而且经常是没有原因的就突然起病。主要特点是害怕被人注意，一旦发现别人在注视自己就不自然、脸红、不敢抬头、不敢与人对视，甚至觉得无地自容，主要表现为不愿社交，不敢在公共场合演讲，集会不敢坐在前面。

（3）单一恐惧症，指的是患者只对某一具体的物件、动物等因为某种原因有一种不合理的恐惧。

## 什么是强迫动作？

强迫动作是指因为强迫症而导致的一些动作反应。

强迫动作经常表现为反复，比如反复清洗、反复检查以防范潜在的危险或保证有序和整洁。这种患者是用这些行为来隐藏自己对指向自身或由自己引起的危险的害怕，强迫动作只是为了避免某种自己以为的危险，而做出的无效或象征性的尝试。多见于强迫障碍。

强迫动作是患者无法控制的，明知道没有什么作用就是想做，即使不好或者没必要也要去做。比如，刚关上窗，折回来又突然怀疑自己没关窗，并且一番犹豫后终于还是回去再确认一次；比如总要盯着手指看，就算家人不许，还是无法改正之类。

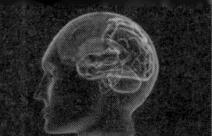

强迫动作有时候还表现为明知道这个动作有害却还忍不住去想，总是不断地怀疑，这样的病患很容易陷入长期焦虑状态。轻一些的会怀疑真实的事情，比如说刚到楼下突然怀疑门没锁好；重一些的就会经常产生一些不切实际的想法，让人觉得无法理解，比如说先有鸡还是先有蛋。

其实，这种强迫动作都是由一定的原因所致，一般都是由于受到刺激的影响，比如，一天时间内几次三番地检查厨房却乐此不疲，也许他曾经经历过火灾的痛苦；再比如，曾经被很难堪地批评过"脏"，他可能就会反复不断地洗手，哪怕洗脱皮也不愿意停等等。不过，这些情况都是可以通过心理调适来改善和控制的。

因此，强迫症或强迫动作是可以调整过来的，想要消除这种病症，我们可以从根源入手，找出产生焦虑的原因。比如，怀疑门锁好了没就直接回去看看，确认门锁好，就不要再去想；另外，针对别人曾给过不好评价的，可以试着去做一些能够肯定自己价值的事情，把目标定得切合实际，而且是短期内能够实现的，这样就可以不断自我肯定，从而达到消除焦虑的目的。

### 什么是失眠？

失眠，通常指患者对睡眠时间或质量不满足并影响白天社会功能的一种主观体验。

失眠的主要表现有：

（1）很难尽快地进入睡眠；

（2）睡眠很浅，睡眠的时间也很少；

（3）会经常醒来，而且醒后无法再入睡；

（4）总是做噩梦，频频从噩梦中惊醒；

（5）即使睡了很久但精力却没有恢复；

（6）失眠的时间可长可短，短者短期内会好转，长者持续数日难以恢复；

（7）容易被惊醒，稍有动静就会醒来，我们常见的对声音敏感或灯光敏感的也属于失眠的现象；

（8）很多失眠的人都喜欢胡思乱想；

（9）长时间的失眠会导致神经衰弱和抑郁症，而神经衰弱患者的病症又会加重失眠。

失眠对我们会产生很多影响，它会引起人的疲劳感、不安、全身不适、无精打采、反应迟缓、头痛、注意力不集中，尤其是精神方面的，严重一点会导致精神分裂和抑郁症、焦虑症、自主神经功能紊乱等功能性疾病，以及各个系统疾病，如心血管系统、消化系统等等。

引起失眠的原因很多，可以从五个大的方面来概括：

（1）环境原因：睡眠环境的突然改变会导致失眠。

（2）个体因素：失眠还会从不良的生活习惯中产生，如睡前饮茶、饮咖啡、吸烟等都是不适当的。

（3）躯体原因：任何躯体的不适都会导致失眠。

（4）精神因素：这里主要有生活中可能发生令人兴奋或忧虑的事，导致机会性失眠。

（5）安眠药或嗜酒者的戒断反应。

但是，失眠并不是一种很严重的疾病，所以对于失眠的人来说，应该树立信心，寻求合理、有效的方法战胜失眠。而且轻微的、短

期的失眠在如今已经是很常见的事，一天或几天少睡几个小时没什么关系，我们可以配合食疗、中药、西药、针灸、理疗、气功等进行调整。对于继发性失眠，以处理引起失眠的基本疾病或情况为主，一般来说，将失眠的病因解决后，失眠就会不治而愈。对原发性失眠的治疗，最重要的是调整睡眠习惯，恢复正常的生物节律，睡眠时间的长短因人而异，睡眠时间短些对人体也并没有多大影响。

另外，适当服用催眠药是解决失眠问题的成功方法，另外在睡前少喝妨碍睡眠的咖啡和茶，同时也要少喝酒。

# 发展心理学篇

支那小說學論

## 什么是发展心理学？

发展心理学从广义上讲包括动物心理学或比较心理学、民族心理学、个体发展心理学。

从狭义上讲指个体发展心理学，即研究一个人从出生到衰老每个时期的心理现象，按年龄阶段又可分为儿童心理学、青年心理学、成年心理学、老年心理学等分支。

发展领域包括生理发展（身体和大脑的发育成长，感官能力、运动技能和健康的变化或稳定性），认知发展（学习、注意、记忆、语言、思维、推理和创造力等心理能力的变化或稳定性），社会性发展（情绪、人格和社会关系的变化和稳定性）。三者相互影响。

生命分期包括：产前期（怀孕到出生），婴儿期（和学步期）（0~3岁），儿童早期（幼儿期）（3~6岁），儿童中期（6~11岁），青少年期（11~约20岁），成年初期（20~40岁），成年中期（40~65岁，）成年晚期（65岁~死亡）。

## 发展心理学的研究任务是什么？

发展心理学研究的任务主要有以下几个方面：

（1）揭示各年龄阶段心理发展的基本特征。发展心理学将人的一生从幼儿到老年划分为数个不同的阶段，每个年龄阶段的心理发展都与其他各年龄阶段的心理发展有着很大的不同，并且都有自己的典型特征，而发展心理学的基本任务就是研究这些典型特征及其与其他各有关因素的相互作用。

（2）阐明各种心理机能的发展进程和特征。心理活动属于整体

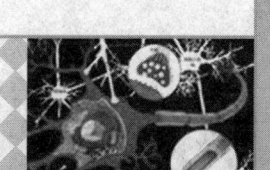

活动，它是由各种心理机能和各种心理过程共同整合而成的。每一种心理机能都有它们自己的独特发展特点和发展趋势，但是它们不是各自为一体各自发展的，它们在发展中相互联系、相互作用。

（3）探讨心理发展的内在机制。发展心理学是一门很复杂的科学，在它的研究中有大量心理发展现象的描述性研究，在这种描述性研究的基础上或在描述性研究的同时，人们就需要对心理发展的内在过程进行更深一步的研究，并且这个研究重点放在影响心理发展的因素和内在机制上。解释心理发展的现象，揭示心理发展的内在过程往往不是一门学科所能完成的事，这里发展心理学就需要与其他学科交叉进行分析研究。

（4）研究心理发展的基本原理，即随着个体心理发展研究的深入和进展，追求心理发展原理的重要性。

如今，发展心理学也出现了很多派别，虽然对心理发展的研究各不相同，但是它们研究的内容都离不开以上的几个基本问题，各种发展心理学派别在那些基本问题上继续改进和加深各自的有关心理发展基本规律的观点。而且，随着发展心理学科学性的提高，其研究内容定会更加深化和新颖，也定会更加复杂和艰难。

## 发展心理学有哪些研究方法？

发展心理学的研究目前有以下几个基本方法：

（1）横向研究：指在同一时期内选择很多对象进行试验，即对某一个年龄或某一个年级或某几个年级的被试心理发展水平进行测量并加以比较。横向研究可以同时研究很多个较大的样本，而且能够在较短时间内收集大量数据资料，成本低、费用少、省时省力。

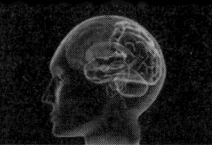

但是它缺乏系统的连续性，因此很难找出因果关系，而且取样程序也很复杂。

(2) 纵向研究：也称为追踪研究，它是指在较长时间之内对儿童心理进行有系统的、定期的研究。它与横向研究是相对的，它的研究只选择其中一个对象来进行重复的测量。纵向研究是发展心理学研究方法的一大特色。它能够揭示同样一个人或同样一组被试者在不同年龄阶段的不同点和相同点。而且能够系统地、详尽地了解心理发展的连续性和量变与质变的规律。

但是纵向研究也有一定的局限性：首先，样本容易减少，只能选择一个或一组来进行测量；其次，由于反复测量就会影响被试者的发展、成长、情绪，给被试者带来影响；另外，这种纵向研究所需的时间很长，而且变量多，在追踪的过程中容易受到时间、社会、环境的影响，这样就有可能会误导实验结果。

(3) 聚合交叉研究：聚合交叉研究是目前适用性很强的方法，它融合了横向研究和纵向研究的方法，既克服了横向研究的短处，又保持了横向研究的长处，同时也克服了纵向研究的缺陷，具有很强的科学性。

(4) 双生子研究：双生子可以分为同卵双生子、异卵双生子两类。同卵双生子是指一个受精卵分裂成两个独立的受精卵，这两个受精卵的基因完全相同。异卵双生子是指母亲同时成熟了两个或两个以上的卵细胞发展成两个独立的受精卵。双生子研究通过比较同卵双生子和异卵双生子以及同父母的不同兄弟姐妹，可以看到遗传和环境对人类的成长和发展过程的不同影响。

### 什么是精神分析法？

精神分析法又称为心理分析法，它是在1895年弗洛伊德与布洛伊尔出版的《关于歇斯底里的研究》一书中正式创立的。所谓精神分析法是指通过自由联想、移情、对梦和失误的解释等来治疗和克服婴儿期的动机冲突带来的影响的一种方法。

在运用精神分析法进行治疗时，要注意以下几个方面：

（1）基本原理：精神分析法的基本任务就是把来访者所不知晓的症状产生的真正原因和意义，用挖掘潜意识的心理过程的方法将其找出来，使来访者真正了解症状的真实意义，从而使症状消失。

（2）辅导目标：一是使潜意识意识化，即把潜意识招架到意识的范围内，从而帮助来访者重新认识自己或重建人格；二是帮助来访者克服潜意识冲突。

（3）辅导关系：隐藏起辅导员的角色，以朋友的身份使来访者能将他们的情感信任投身到辅导员身上。

（4）辅导过程：一般分为准备期、预备治疗期和治疗一至三期。

（5）具体方法：精神分析法一般采用自由联想、移情、阻抗、阐释等典型的方法和策略。

总之，这种心理分析法强调的是潜意识对行为的重要意义，它是最早发展起来的一种辅导模式，重视婴幼儿期心身发展的意义，它所创立的一些方法和技术也对后来的很多心理理论作出了很多贡献，提供了重要参考。但这种方法也有一定的局限性，它过分地强调婴幼儿期的发展。另外，在精神分析法实施的过程中，由于这种方法必须由受过专门训练的咨询者施行，而且对来访者还需要付出

很多的时间和精力，因此，这种方法无法真正地推广。

## 什么是青春期？

青春期是指以生殖器官发育成熟、第二性征发育为标志的初次有繁殖能力的时期，青春期的开始在人类及高等灵长类以雌性第一次月经出现为标志。简单的说，青春期就是指由儿童逐渐发育成为成年人的过渡时期。

青春期是继婴儿之后人体迅速生长发育的又一个关键时期，它是人生第二个生长发育的高峰。在青春期的这段时间里，不论男孩还是女孩，在身体内外都发生许多巨大而奇妙的变化。而掌握和了解这一时期身体内的变化，是一件非常重要的事，可以有效地帮助孩子顺利渡过青春期。

青春期从生理意义上来说是指个体的性机能从还没有成熟到成熟的阶段，在生物学上是指人体由不成熟发育到成熟的转化时期，这个时期是一个过渡期，一个孩子开始从儿童长大成人。在这个时期，性器官发育成熟，已经可以生育。因此，我们可以看出，青春期主要是从生理的角度，以性成熟为标准而划分出来的一个阶段，在人体发育成长阶段占有很重要的地位，它与从心理或社会方面划分出的人生阶段也有重叠。而且，青春期的时间也是很长的。

不过青春期在目前并没有确切的年龄范围，一般指十三四岁至十七八岁这个阶段，但是在心理学上，它又被称为青年初期，相当于教育学上的中学阶段，这个时期的人身体成长的速度非常快。青春期与青年期又不一样，青年期除了包括青春期外，还可以延续至25～30岁。因为男性的性成熟比女性晚1年左右，所以男性的青春

期年龄范围也就相对晚一点，一般确定为14~18岁。如果再偏早或偏晚1~2年，也属于正常现象。人们通常把青春期阶段的男性称为少男，而把同样年龄阶段的女性称为少女。另外，他们在青春期不仅身体上有了明显的变化，在心理上也常会发生很大的变化。

## 什么是幼儿心理学？

幼儿心理学是研究幼儿（3~7岁入学前儿童）心理现象发生、发展和活动规律的一门学科。

幼儿心理学的研究对象包括以下两方面：幼儿心理发展的一般规律，幼儿时期心理过程和个性发展。

幼儿心理学的研究任务，一般来说，也就是幼儿心理学家追寻的目标是：描述幼儿发展的行为方式；揭示幼儿心理发展的原因和机制；探究不同的外在对心理形成的影响；探索帮助指导幼儿发展的好方法。

幼儿心理学的研究方法有：观察法、调查法、实验法、测验法、临床法等。

## 什么是学龄儿童心理学？

学龄儿童心理学是研究学龄儿童（6~12岁的儿童）心理现象发生、发展和活动规律的一门学科。

这个时候儿童进入学校，开始以学习为主导活动。学龄初期大致相当于小学教育阶段。学龄初期是儿童心理发展的一个重要的转折时期，从这个时候起，儿童开始进入学校从事正规的有系统的学习，逐步掌握书面言语和抽象逻辑思维。

当孩子在学习或者生活中做出成绩的时候，家长、老师要适时给予表扬。当孩子在学习过程中遇到困难时，家长、老师要注意关心、鼓励，不能够抹杀他们的自信心。

## 什么是少年心理学？

少年心理学是研究少年（初高中阶段）心理现象发生、发展及活动规律的一门学科。

它主要研究少年的智力发展、个性发展、情感和意志发展、青春期发育及心理卫生等问题。传统上是把它作为儿童心理学的一个组成部分。

少年期的心理发展不同于儿童期和青年期。从生理方面的变化看，少年期不论是身体发育还是第二性征的出现，都有剧烈的变化。从心理方面的变化看，个性发展迅速，自我意识迅速增强，自尊心强，自负，容易自卑，不稳定。认识过程发展上，最突出的变化是抽象逻辑思维逐步占有主导地位。情感发展上最突出的变化是热情奔放，但又容易冲动，不够理智，理想化。这些生理、心理方面的变化，就是少年心理学研究的对象。

在中国，单独的少年心理学的研究还不多，大多数结合在青少年心理学中。

## 什么是老年心理学？

老年心理学也称老化心理学，是研究老年期个体的心理特征及其变化规律的发展心理学分支。它也是新兴的老年学的组成部分。

老年心理学涉及生物的和社会的两方面内容。研究范围包括人

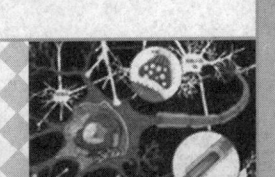

的感知觉、学习、记忆、思维等心理过程以及智力、性格、社会适应等心理特点因年老而引起的变化。

霍尔在他的《衰老》一书中，以毕生发展心理学的思想回顾了自己的一生。在西方，美国心理学家最早系统地阐述了老年的心理问题，他反对把老化仅仅看作是人退回早期阶段的一种返归，强调在老年人中老化过程的显著的个别差异和突出特点。

对心理活动老年化的实验研究及其他研究急剧增多，源于第二次世界大战以后，老年人在人口中的比率迅速增加。

在中国，心理学界也有只重视儿童发展而忽视成年和老年心理的倾向。

20世纪50年代以来，相关老年智力问题的研究最多，其次是老年记忆和学习问题。

从20世纪60年代开始，以研究人类从胚胎到死亡的全过程的毕生发展心理学观点，开始逐步被人们所接受以后，老年心理学才成为发展心理学的一个重要组成部分。

## 什么是习得性无助效应？

"习得性无助"是美国心理学家塞利格曼1967年在研究动物时提出的，之后它便在动物和人类研究中被广泛研究。很多实验表明，经过训练，狗是可以越过屏障来逃避人强加于它身上的电击的。但是，假如狗之前受到不可预期（不知道什么时候到来）并且不可控制的电击（如电击的中断与否不依赖于狗的行为），那么当狗后来有机会逃离电击时，也会变得无力逃离。另外，狗还会表现出其他方面的缺陷，如感到沮丧和压抑、主动性降低等等。

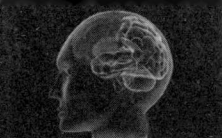

狗之所以表现出这种状况，是由于在早期学到的一种无助感。也就是说，它们已经意识到自己无论做什么都不能逃离电击。在每次实验中，电击停止都是在实验者掌控之下的，而狗会逐步认识到自己并没有能力改变这种外界的控制，从而学会了一种无助感。

假如人有了习得性无助感，就会有一种深深的绝望和悲哀。所以，我们在学习与生活中应把自己的眼界放开阔，看到事件背后的真正的决定因素，不要使我们自己陷入绝境。

## 什么是迁移效应？

迁移效应是指先行学习对于后继学习的影响，即已有知识及经验对解决新问题的影响，就是通常所说的触类旁通、举一反三。

比如从棒球队员中选拔出高尔夫球的集训队员；精通英语的人去突击学习法语、德语、西班牙语通常都会取得较为理想的效果；日本司机在美国开车，经常发生困难，甚至出现车祸，这主要是因为在日本是"车左人右"，而在美国却与之相反。

先行学习甲促进了后继学习乙的效应，叫做正效应；先行学习甲干扰和阻碍了后继学习乙的效应，叫做负效应；先行学习甲对后继学习乙无任何影响，叫做零效应。

这一理论在学习方面也给予我们一定的启示：

首先，要注意发现概念、原理的相同、相通之处。

其次，注重学习方法的归纳总结。

再次，要广泛地积累各个方面的学习经验。

最后，要注意防止在学习过程中，特别是在解决问题的过程中

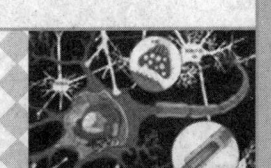

产生定势。

## 什么是逆向思维？

逆向思维是非常重要的一种思维方式。逆向思维也称求异思维，它是对司空见惯的几乎已成定论的事物或观点反过来思考的一种思维方式。当大家都千篇一律地朝着一个固定的思维方向思考问题时，而你却独自朝相反的方向思考，这样的思维方式就叫逆向思维。人们一般都习惯于沿着事物发展的正方向去思考问题并寻求解决办法。其实，对于某些问题，特别是一些特殊问题，从结论往回推，倒回去思考，从求解回到已知条件，反过去想或许可以使问题简单化，使解决它变得轻而易举，甚至因此而有所发现，创造出不可思议的奇迹，这就是逆向思维和它的魅力。

如"司马光砸缸"。有孩童落水，常规的思维模式是"救人离水"，而司马光面对紧急情况，运用了逆向思维，果断地用石头把缸砸破，"让水离人"，救了孩童性命。

与常规思维不同，逆向思维是反过来思考问题，是用绝大多数人都想不到的思维方式去思考问题。运用逆向思维去思考与处理问题，其实就是以"出奇"去达到"制胜"。所以，逆向思维的结果常常会令人大吃一惊，喜出望外，另有所获。

通过以上实例，我们可以总结出逆向思维的四大优势：

（1）在日常生活中，常规思维难以解决的问题，通过逆向思维就可能轻松破解。

（2）逆向思维会让你独辟蹊径，在别人没有注意到的地方发现有价值的东西，从而制胜于出人意料。

（3）逆向思维会使你在多种解决问题的方法中获得最佳方法及途径。

（4）生活中自觉运用逆向思维，会使复杂问题简单化，从而使办事效率及效果成倍提高。

逆向思维最可宝贵的价值，是它对人们认识的挑战，是对事物认识的渐进深化，并由此而产生"原子弹爆炸"般的威力。我们应当自觉地运用逆向思维方法，研究问题，创造更多的奇迹。

## 逆向思维有什么特点？

逆向思维的特点主要有以下三种：

（1）普遍性。

逆向性思维在各种领域、各种情况中都有其适用性，因为对立统一规律是普遍适用的，而对立统一的形式却是千变万化的，有一种对立统一的形式，相应地就有一种逆向思维的角度，因此，逆向思维也有很多种形式。如性质上对立两极的转换：软和硬、高和低等；结构、位置上的互换、颠倒：上和下、左和右等；过程上的逆转：气态变液态或液态变气态、电转为磁或磁转为电等。不论哪一种方式，凡是从一个方面想到与之对立的另一个方面，都是逆向思维。

（2）批判性。

逆向是与正向相比较而言的，正向是指常规的、常识的、习惯的或公认的想法与做法。逆向思维则恰恰相反，是对传统、惯例、常识的背道而驰，是对常规的挑战。它能够克服思维定势，打破由经验和习惯造成的僵化的认识模式。

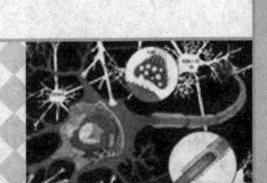

（3）新颖性。

循规蹈矩的思维和按传统方式解决问题看起来简单，但容易导致思路僵化、刻板，摆脱不掉习惯的束缚，得到的往往是一些大家都能知道的答案。事实上，任何事物都具有多方面属性。由于受以往经验的影响，人们容易看到熟悉已成定律的一面，而对另一面却视而不见。逆向思维能克服这一障碍，往往是出人意料，给人以特别的感觉。

## 什么是思维定势？

定势是由以往的活动而造成的一种对活动特殊的心理准备状态，或者活动的倾向性。在环境固定的条件下，定势使人能够应用已掌握的方法快速解决疑难。而在情境发生变化时，它则会妨碍人的创新思维。消极的思维定势其实是束缚创造性思维的枷锁。

所谓思维定势，就是按照之前积累的思维活动经验教训和已有的思维规律，在反复不断使用中所形成的比较稳定的、定型化了的思维路线、方式、程序、模式（在感性认识阶段也叫作"刻板印象"）。思维定势有以下三个基本特征：

（1）趋向性。

思维者总是力求将各种问题情境归结为熟悉的问题情境，表现为思维空间的收缩，带有集中性思维的痕迹。比如学习立体几何，应当强调其解题的基本思路：即空间问题转化为平面问题。

（2）常规性。

比如学因式分解，必须熟练掌握提取公因式法、十字相乘法、公式法、分组分解法等常见的方法。

（3）程序性。

程序性是指解决问题的步骤要按照规范化的模式。比如，如何证明几何题，如何画图，如何叙述，如何讨论，甚至如何使用"因为、所以、那么、然后、则、即、故"等符号，都要求清清楚楚、有理有据、格式合理，否则就乱套。

## 思维定势有什么作用？

思维定势对于问题解决具有非常重要的意义。在问题解决过程中，思维定势的作用是：根据现在遇到的问题联想已经解决过的类似的问题，将新问题的特征与旧问题的特征进行比较，抓住新旧问题的共同之处，将已有的知识及经验与当前问题情境建立联系，利用处理过类似的旧问题的方法和经验处理新问题，或把新问题转化成一个已经解决的熟悉的问题，从而为新问题的解决做好积极的心理准备。

思维定势同样也有消极的一面，它容易使我们产生思想上的固定模式，养成一种呆板、机械、千篇一律的解题习惯。当新旧问题形似质异时，思维的定势往往会导致结果失误。

## 什么是投射效应？

投射效应是指以己度人，认为自己具有某种特性，别人也应该具有与自己相同的特性，将自己的感情、意志、特性投射到他人身上，并强加于他人的一种认知障碍。一般来说，在人际认知过程中，人们经常假设他人和自己具有一样的特性、爱好或者倾向等，常常认为别人理所当然地应该知道自己心中的想法。譬如，心地善良的

人总会以为别人都是善良的,没有戒心;经常算计别人的人就会觉得别人同样也在算计自己等等,"以小人之心度君子之腹"就是典型的投射效应。当别人的行为与我们不相符合时,我们习惯用自己的标准去看待别人的行为,认为别人的行为违反常规;喜欢嫉妒的人总是将别人行为的动机归纳为嫉妒,假如别人对他稍不恭敬,他便觉得别人在嫉妒自己。

具体讲,投射效应有以下三种表现:

(1)相同投射。在与陌生人交流中,互相不了解,导致相同投射效应特容易发生,通常在不知不觉中就已经从自我出发做出了判断。

(2)愿望投射。就是把自己的主观愿望强加于对方的投射现象。认知主体总以为对象正如自己所希望的那样。

(3)情感投射。通常说来,人们对自己喜欢的人总是越看越好;对自己不喜欢的人,却越看越讨厌,越来越觉得他有很多缺点,令人无法容忍。

## 你知道中国幸福学中的幸福公式吗?

所谓幸福就是人们的渴求在被得到满足或者部分得到满足时的感觉,是一种精神上的愉悦。根据以上定义以及每个人的具体情况,我们就可以得出幸福的公式。

就某人的某一个幸福而言,某人对于某事物的幸福感(F)与其对某事物前期的渴求度(Q)、事后的被满足度(Z)以及每个人所特有的幸福系数(K)是成正比的,就是:

幸福感(F)= 幸福系数(K)× 渴求度(Q)× 被满足度

（Z）。

一般情况下，女人的幸福系数是大于男人幸福系数的，原因是女人一般比男人爱激动，因此，女人一般比男人容易得到幸福，或者容易得到更大的幸福。比如男女结婚，男人和女人获得的幸福感是不尽相同的；反之，女人易受挫折，易有不幸感。

另外，一般来说，小孩的幸福系数要大于大人的幸福系数，原因是小孩比大人爱激动。

根据幸福的定义我们推导出幸福的六个定律：

（1）幸福第一定律：幸福感具有暂时性。

人们获得的幸福感都是暂时的，就如不幸一样，随着时间的推移，幸福感以及不幸感都会渐渐淡化的，因此，如果我们想继续拥有幸福，想过幸福的生活，就必须不断地去满足下一个渴求。

（2）幸福第二定律：幸福感的递减性。

人在得到一个幸福后，对同一个或者同一类幸福的渴求度就会递减，当人们再次获得这个或这类幸福时，心里的幸福感就不会如当初那么热烈了。当达到足够多的 N 次时，渴求度会变为零，幸福感也就随之消失了。

（3）幸福第三定律：幸福来得越不容易，幸福感就会越强烈。

渴求度与幸福感是成正比的，因此，如果获得幸福的经历越多磨难，人们的渴求度就会相应变大，那么获得的幸福感就会越大。

（4）幸福第四定律：没有渴求就没有幸福。

因为幸福感与渴求度是成正比的，所以当人们对某事物没有渴求时（即渴求度为零时），那么，某事物也就不会给人们带来幸福。

(5) 幸福第五定律：幸福感需要感觉才能体会出来。

幸福是需要有感觉的，假如你的渴求事实上已经得到了满足，但当你没有感觉或感觉不到渴求被满足的情况下，你依然是不会有幸福的感觉的。

(6) 幸福第六定律：幸福感的获得需要有愉悦的心情。

假如你的渴求得到了满足，但此时的你仍沉浸在其他事件的悲痛之中，那么此时也很难有幸福的感觉。

## 什么是幸福递减定律？

所谓幸福递减定律是指人们从获得一单位物品中所得的满足感和幸福感，会随着所获得的物品增多而递减。

一个饥饿的人吃第一个馒头感觉香甜无比，吃第二个的时候感到很满足，吃第三个的时候感到已经很饱，若再吃第四个、第五个就是负担了，更别说快乐幸福。

同一个人在不同时间里对幸福会有不同的感受，同样的物品对处于不同需求状态的人，其幸福效应也是截然不同的。人们对同一事物幸福的感觉，会随着客观条件的改变而降低。

没有体会到幸福，通常不是因为没有得到幸福，而是你身在其中不知其中的美滋味，所以千万不要让自己的感官失去对爱情的敏感。

一个国王躲避追兵途中，在荒郊野外藏了两天两夜，饥饿无比。就在他走投无路的时候，遇到了一个老农夫。老农夫看他可怜，就给了他一个用玉米面和干白菜做的菜团子。国王狼吞虎咽地吃了个精光，还觉得它是世界上最好的美味，胜过皇宫的佳

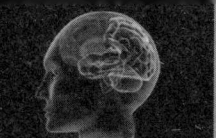

看。于是，他就问老农夫这是什么东西。老农夫回答道，这叫"饥饿"。

后来，国王回到了皇宫，想起这难忘的美味，就叫御膳房给他"饥饿"吃。可是厨师们绞尽脑汁，却总也满足不了国王的要求。

幸福递减定律告诉我们，当我们处于比较困苦的环境状态时，一点微不足道的事情可能会带给我们莫大的喜悦；而当我们所处的环境本就十分美好时，我们的要求、观念、欲望等都会发生变化，同样的事物就再也不能满足我们的需求，当然也就从中找不到幸福的感觉了。

那些曾经给我们带来喜悦和满足的事物，他们本身的价值和作用并没有改变，只是时过境迁，我们的品位和要求都发生了变化。通俗地讲，我们早已习惯了这样的感受，当然不再把这种状态当作幸福了。幸福是需要提醒的，很多时候人们身在福中不知福。有一句话是这么说的："我以为幸福刚刚开始，其实错了，幸福一直都在我身边。"

经济发展本应该是为了人们能够过得更幸福，但经济越发展，物质递增所带来的边际效益就越递减，人们在物质增加中得到的幸福逐渐变少。这显然背离了经济发展的根本目的。但这并不是经济发展的错，而是我们对于幸福的欲望不断提高，对幸福的理解不断发生变化的原因。感受不到幸福，只是因为我们一直被幸福包围着。

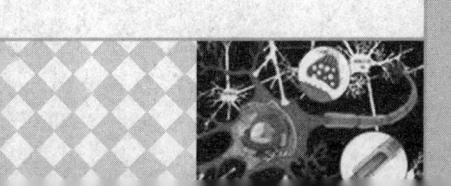

# 教育心理学篇

## 什么是教育心理学？

教育心理学总体来说，是研究学校情景中学与教的基本心理规律的一门科学。

它是一门介于教育科学和心理科学之间的边缘学科。教育心理学研究的内容重点是学校教育过程中心理活动的规律，比如学生应怎样去掌握书本上的知识，学生的学习动机与学习成绩有何关系，复习有哪些好的方法，等等。

教育心理学涉及的范围比较广，它包括德育心理、学习心理、学科心理、智力缺陷与补偿、智力测量与教师心理等分支。

## 教育心理学的研究任务是什么？

19世纪末，教育心理学才成为一门独立的学科，但历史上的许多教育家已经能够在教育实践中，根据人的心理状态有针对性地进行教学。

教育心理学的出现，就是心理学与教育相结合并逐渐形成一个独立部分的历史过程。

俄国教育家乌申斯基继赫尔巴特之后，在教育工作中，最早尝试应用心理学知识。

1877年，俄国教育家卡普捷列夫发表了《教育心理学》一书。这是最早正式以教育心理学命名的一部教育心理学创作。

19世纪末20世纪初，出现了倡导对儿童身心进行实验研究的"实验教育学运动"。美国心理学家桑代克的《教育心理学》一书，后来扩展为三卷本的《教育心理学》，并于1913~1914年出版。在

此书中，桑代克建立了一个教育心理学的完整体系，从而正式确立了教育心理学作为一门独立学科的地位，标志着教育心理学的正式诞生。

教育心理学是一门交叉学科。因此它既有教育学的性质任务，也会有心理学的性质任务，教育心理学具有双重性质：

首先，研究、阐述教育系统中学生学习的性质、特点和类型以及各种学习的过程及条件，从而使心理学科在教育领域中得以向纵深发展。

其次，研究怎样运用学生的学习及其规律，来设计教育、改革教育体制、优化教育系统，以提高教育效果、加快人才培养的心理学原则。

## 教育心理学有着怎样一个产生发展的过程？

教育心理学的发展主要经历了三个过程：

（1）教育心理学的起源。

克斯坦罗琦提出了教育心理学理论。赫尔巴特是第一个把教育学和心理学联系起来的人。

1877年，卡普切列夫出版了世界上第一本《教育心理学》，此书为推动教育心理学的发展起到了非常重要的作用。

1903年，桑代克出版的《教育心理学》一书，用学校情境详尽说明学习的概念，从而使得教育心理学成为一门独立的实验科学，这成为近代教育心理学的真正开端。1913年，这一著作增加为三大卷，内容包括人的本性、学习心理学、个别差异及其原因三大部分。

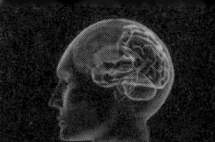

（2）教育心理学的发展阶段。

20世纪20年代~50年代，教育心理学吸取儿童心理学和心理测量方面的研究成果。心理测量，其实是进步教育时期的实验教育成果。

20世纪30~40年代，有关儿童的个性及社会适应乃至生理卫生问题也进入了教育心理学领域。

到了20世纪50年代，程序教学和机器教学兴起，许多心理学家接受了信息论的思想。

在美国，理论方面的学习成为这一时期的重要研究领域。

苏联学者维果斯基，强调教育与教学在儿童发展中的主导作用，并提出了"文化发展论"和"内化论"。

在中国，1908年由日本小原又一著、房东岳译的《教育实用心理学》是第一本教育心理学著作。

1924年，廖世承编写的《教育心理学》教科书是我国第一本教育心理学书籍。

（3）成熟与完善阶段。

美国教育心理学家布鲁纳等人，在20世纪60年代初，提出重视教育心理学理论与教育教学实际结合，强调为学校教育服务，发起了课程改革运动。人本主义心理学家罗杰斯同时提出了以学生为核心的主张。

80年代以后，多媒体计算机的问世，使计算机辅助教学达到了一个全新的水平。

随着教育不断的发展，教育心理学的任务也在不断增加，研究对象的范围逐渐扩大。教育心理学，由起初的偏重于学习心理的研

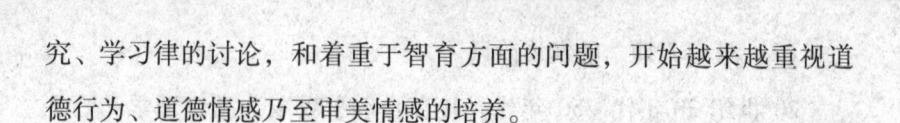

究、学习律的讨论，和着重于智育方面的问题，开始越来越重视道德行为、道德情感乃至审美情感的培养。

## 教育心理学有哪些研究方法？

在教育心理学中，不管对于其中哪一个课题的研究，都必须具有正确的指导思想和一定的理论基础，我们的指导思想是辩证唯物主义。如今，在整个心理学都在不断发展的前提下，关于心理学的研究方法也在不断完善，教育心理学的研究方法也大有改进。概括起来，教育心理学研究的基本方法有如下几种。

（1）观察法：观察法是教育心理学研究最基本、最普遍的方法，它使用起来非常方便，既可以直接使用，也可以与其他方法结合起来使用。不过，通过观察所得到的结果并没有那么的精确，它所了解的只是学生心理活动的某些自然的外部表现，而不能对心理活动的进行施加影响，从而更深入地了解它的过程。另外，观察者所获得的资料，有时还会带有一定的主观色彩，因而其准确度就不是很高。

（2）实验法：实验法在心理科学研究中的应用非常广泛，而且也取得了很大的成就。它是在有意控制某些因素的条件下，以引起被试者的某些心理现象的方法。实际上，实验也是一种观察，只不过是有控制的观察。实验法包括实验室实验法和自然实验法两种。

（3）调查法：调查法中调查的途径和方式很多，其中问卷法是霍尔所创。问卷法对心理学研究具有很重要的意义，它的优点也很多，主要有简便易行、取样大、研究的对象具有广泛性与代表性，特别是它的取样大，可以抵消一些中间变量的影响，研究的结果也

就很具有科学性。

(4) 个案研究：个案研究是对少数人或个别人进行研究的一种方法。个案研究与前述三种研究方法的不同在于它的研究具有针对性，是某一个个体。由于研究的是个别学生，特别是针对那些学习上有困难或行为上有问题的学生进行研究，从而需要深入地了解，因此，对个案本人的有关资料，必须搜集齐全。

上述几种方法只是教育心理学研究中的基本方法，其实，用于教育心理研究的方法很多，而且它们之间不是互不关联和孤立的。通常在一项具体研究中，可同时把其中两种或几种方法结合起来使用。最重要的是根据不同的研究目的和不同的研究课题以及研究对象，选择适当的研究方法。

## 什么是学习？

"学习"一词在中国是把"学"和"习"复合而组成的词。最早出自于孔子的一句名言："学而时习之，不亦说乎？"

孔子和其他中国古代教育家都对学习作过定义，他们认为，"学"就是闻、见，即获得知识、技能，主要是指接受感性知识与书本知识，有时还包括思想的含义。"习"是巩固所学的知识、技能，关于"习"包括温习、实习、练习三种含义，有时还包括行的含义在内。"学"偏重于思想意识的理论领域，"习"偏重于行动实习的实践方面。学习就是获得知识，形成技能，培养聪明才智的过程。其实质上就是学、思、习、行的总称。

关于人类的学习，我国著名心理学家潘菽对其下了一个这样的定义：人的学习是在社会实践中，以语言为中介，自觉地、积极主动地掌握社会和个体的经验的过程。这个定义虽然简短但却概括了人类学习的内容、范围以及方法等，它指出，人类的学习是一种主动行为，需要个人的自觉行动，积极参与；学习的内容也很广泛，可以是知识，可以是技能，也可以是智慧；学习的范围大到整个社会，小到某个个体。所以从某种意义上说，你进入了学校，在学校有学籍，并不意味着你在学习。学习是动物和人与环境保持平衡、维持生存和发展所必需的条件，也是适应环境的手段。

当然，学习对个体生活的作用和重要性的程度对于不同的个体来说也是有差异的，而且有时差异很大。基本上可以这么确定，越高等的动物，生活的方式越复杂，那么它的本能行为就无法满足需要，学习的重要性就越大。而在低等动物中，需要学习的很少并且获得的速度也很慢，如原生动物，学习对其生活可以说起不到什么作用。它们学习的能力很低，保持经验的时间也很短，因而学习的结果对它们生活的作用是很小的。

### 早期学习的意义是什么？

随着年龄的增长，人的生理和心理会逐渐成熟。但成熟并不是就不用再学习，通过专家对动物心理学的研究表明，学习在成熟阶段中的作用依然很重要，我们不可能完全脱离环境和学习的影响。

近二三十年以来，许多心理学家在一些研究中发现，动物，尤其是初生动物的环境丰富程度，对其感官的发育和成熟有很重要的影响，它影响着动物大脑的重量、结构和化学成分，从而影响智力的发展。

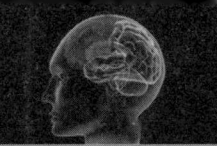

所以，幼时的学习对人类的成长意义非常重大，瑞士著名儿童心理学家皮亚杰也认为，必须通过技能的练习来促进儿童的成熟。他还说："儿童年龄渐长，自然及社会环境影响的重要性将随之增加。"

而且，怀特也通过实验证明了学习和训练队成长的作用，他在初生婴儿眼手协调的动作训练的实验研究中发现，经过训练的婴儿，平均在3~5月时便能举手抓取到面前的物体，其眼手协调的程度相当于未经训练的5个月婴儿的水平。这就充分证明了学习、训练对成熟的促进作用，它可以促进潜能的表现和能力的提高。

学习能给幼儿成长带来促进作用，反之如果缺乏适当的训练，也会产生不利的影响。有的学者研究表明，在婴儿出生后的四五年里，除了营养条件外，如果教育不当，也会给大脑的发展带来不利的影响。

总之，以上所有这些研究与事实说明，早期的学习、训练以及相应的文化环境，对人的感觉器官和大脑的发展都是有着重要影响的。

## 什么是自信心？

自信心是一种自己相信自己的情绪体验，这个概念在日常生活中经常会被谈起，但是在心理学中，与自信心最接近的是班杜拉在社会学习理论中提出的自我效能感的概念。自我效能感是指个体对自身成功应付特定情境的能力的估价，但是自我效能感所关心的并不是某人具有什么技能，它并不是以个人具有什么能力来判定一个人是否有自信。它所关心的是个体用其拥有的技能能够做些什么。

自信是一个人成长过程中必不可少的体验，它的建立取决于人们的社会实践活动，成功的实践活动会更加增强人们的自信心。当一个人相信自己有力量办好一件事，就很可能获得成功。如果缺乏自信心，总认为自己不行，自己看不起自己，就可能导致自卑心理的产生。但如果过高地估计自己的力量，而看不到他人的长处，就可能导致自负心理的产生。

因此一个人要正确的认识自己，既要了解自己的性格优势，又要知道自己的不足，学会扬长避短有助于形成自己独特的自信心。而且人总是不断变化发展的，因此我们更需要不断更新、不断完善对自己的认识，才能使自己变得更好、更完美。

时代的发展使现在的青少年的理性目标也发生着变化，但不管怎样，只要你有自信心，你的学业或者事业就会成功，那么你就是一个最有出息的年轻人。

## 什么是创造性思维？

创造性思维是指其结果具有新颖性、独特性和价值的思维。

研究发现，创造力的核心是创造性思维。从思维角度来看，创造性活动过程也就是创造性思维过程。所以说任何一个创造活动都离不开创造思维，它们二者总是尽力联系在一起的。

但是如今人们对创造性思维了解得并不多，研究得并不够深入，因此怎样理解创造性思维就很难达成共识。

创造性活动的过程是多种多样的，因此创造性思维的表现形式也不尽相同，但在这些多样性的背后我们仍然可以经过分析得出一些基本的心理过程，我们可以把创造性思维划分为不同的发展阶段：

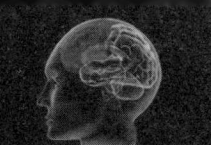

（1）准备阶段：在这个阶段，主体已明确所要解决的问题，然后就是以这个问题为中心，收集大量的资料信息，再将它们进行系统分析概括，形成自己的知识，从中了解问题的性质，澄清疑难的关键等；同时我们可以针对疑难，尝试去寻找初步的解决方法，但往往这些方法行不通，问题无法解决，出现僵持状态。

（2）酝酿阶段：在这个阶段，潜意识发挥了很大的作用。这个时候对主体来说，需要解决的问题因无法解决而被搁置起来，但思考还在继续，所以这一阶段常常叫做探索解决问题的潜伏期、孕育期。

（3）明朗阶段：这时候问题的解决一下子柳暗花明，变得豁然开朗。主体或许突然受到某一事物或情景的启发唤醒，一种新的意识猛地出现，以前的困扰顿时一一化解，问题也得到了顺利解决。这一阶段经常会伴随着强烈而明显的情绪，这种情绪就是我们常说的灵感，通常是在面临问题的一刹那出现的，给主体以极大的快感。这一阶段也被称为顿悟期。

（4）验证阶段：这是一个对创造性活动的检验阶段，这是个体对整个创造过程的反思，在这个阶段，主体突发奇想的创造思维已经落实在具体操作的层次上，在这里，我们可以把提出的解决方法详细地、具体地叙述出来并加以运用和验证。

### 创造性思维有哪几种形式？

创造性思维主要包括以下几种形式：

（1）横向思维：这种思维方式由英国剑桥大学教授邦诺提出，他认为横向思维与创造性紧密联系，横向思维弥补了创造性只是对

结果的描述的缺陷，它对过程也给予了具体的描述，而且横向思维不仅与新观念的生成相联系，还与打破旧观念的思想束缚相联系。邦诺将传统思维称为纵向思维。

（2）逆向思维：逆向思维又称反向思维，这种思维方式是现在适用很广泛的思考方式。人们在思考问题时，总是习惯按照惯有的传统方式来思维，通常只注重已有的联系，而忽视了事物之间也互为因果关系，从而忽视了它们的双向性和可逆性。而逆向思维就是要人们换个角度看问题，从反方向思考，通常对解决问题会产生意想不到的效果。

（3）多路思维：这也是一种发散思维的方法。主体思考者沿着不同的方向思考，特别是对那些喜欢"钻牛角尖"的人，应该从多条路想问题，而不是"一条胡同走到底"。思维的定向虽然能使人很快地解决问题，但却妨碍人的创造力的发展，因此多向观察、多路思维往往能独辟蹊径，从而"柳暗花明"。所以说多路思维对创造性思维是很重要的。

（4）直觉思维：我们经常说，直觉思维是创造的起源，直觉思维具有直接性、具体性以及非分析性的特点，它是个体在已有知识经验的基础上，对客观事物之间的关系进行快速识别、直接地理解和整体地判断的过程。直觉思维是跳跃式的，它推出一个结论是没有经过的，因而主体也无法将具体过程清晰地表达出来，往往是知其然，不知其所以然。

（5）灵感思维：灵感思维是一种思维的质变，它由大脑经过紧张思考和专心探索之后突然产生，是思维活动的中断和升华。灵感思维通常是一种突然获得的心理过程，通常发生在长期思考着的问

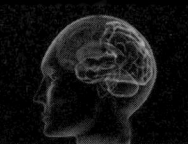

题得不到解决的时候，如科学家对一个问题百思不得其解时，会突然地获得新的发现。灵感思维经常会出现在作家、文学家中，大脑中突然会出现绝妙的情节、动人的语句等。

### 当问题无法解决时应该怎么做？

在生活或学习中我们经常会碰到一些难解之题，这时候如果你总是抱着一份挫败感，其实是根本没有任何意义的。我们先看一下卡瑞尔在面对无法解决的问题时是怎样做的：

卡瑞尔到密苏里州去安装一架瓦斯清洁机。经过他的努力，机器勉强可以使用了，但是，远远没有达到公司要求保证的质量。他对自己的失败感到非常苦恼，简直无法入睡。后来，他意识到懊恼不能解决问题。于是，他想出了一个不用烦恼便可解决问题的方法。

第一步，预想可能发生的最坏情况。

最多不过是丢掉差事，老板把机器拆掉重新安装，损失一部分资金。

第二步，告诉自己接受事实，不管结果如何。

告诉自己，丢掉差事不要紧，还可以再找一份；至于老板，他也知道这是一种新方法的试验，可以把20000块钱算在研究费用上。

第三步，有了能够接受最坏情况的思想准备后，就会用一个平和的心态来改善现在的困境，而不是懊恼不已，怨天尤人。

他这样想过之后，也就觉得没什么大不了，于是就又做了几次试验，最终发现，如果再多花5000块钱，加装一些设备，问题就迎刃而解了。最后公司不但没有损失20000块钱，反而很快就达到了目标。

因此，如果你也有了同样的烦恼，你也可以运用卡瑞尔的万能公式，并按照以下三点去做：首先，问问自己，可能发生的最坏情况是什么。其次，接受这个最坏的情况。最后，镇定地想办法改善最坏的情况。这样思考一番后，你已经做好了最坏的打算，所以也就没什么可怕的，就可以平和地面对一切，甚至会因为心理的安定而突发奇想，使事情峰回路转。

### 墨守成规有什么不好？

在生活中，顽固呆板的人不在少数，他们大都只遵循着一个规则，这样的后果就是让一些很简单的事情复杂化。法国心理学家约翰·法伯做过这样一个实验：把一个花盆放在那里，在花盆的周围放上毛毛虫喜欢吃的食物，然后把一堆毛毛虫放在花盆的边缘上，首尾相接。毛毛虫开始一个跟着一个夜以继日地爬行，时间一天天过去，直到他们体力透支而死。没有任何一条毛毛虫想到要改变方向爬行，其实只要有一条毛毛虫改变方向，那么他们就不会面对死亡。这个结果其实就是因为毛毛虫墨守成规，不肯开辟新的途径，一条道走到黑导致的结果。

科学家把这种跟随别人走的行为称之为"跟随者"习惯，它所导致的结果就是失败。其实这样的事情不仅发生在低级动物身上，也发生在高级动物，乃至人类身上。

生活中，其实我们很容易就会跟随那些比我们优秀的人或者按照固有的方法去做事，这是一种下意识的思考方式和行为过程。固有的方法和思考模式肯定有其成熟性和可行性，一定程度上可以缩短我们做事的时间，减少我们投入的精力。但与此同时，它的消极

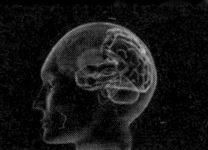

影响也是不容质疑的，它不仅会对一些神似实非的问题判断错误，导致失败，而且还会因常年累月的跟随，埋没一个人的创造性，影响其潜在能力的开发。

"毛毛虫效应"就说明了这么一个问题，并不是"一分耕耘，一分收获"。如果你一直在这个错误的圈圈里耕耘，那么到最后还是得不到该有的结果。

因此，当我们遇到困难的时候，不能墨守成规，顽固不化，做无用功，应当寻找新方法，也许就是"山穷水复疑无路，柳暗花明又一村"了。

### 信息反馈有什么好处？

信息反馈，是指及时对活动结果进行评价，它能强化活动动机，对工作起促进作用。

反馈原来是物理学中的一个概念，是指把放大器输出电路中的一部分能量送回输入电路中，以增强或减弱输入讯号的效应。心理学借用这一概念，以说明学习者对自己学习结果的了解，而这种对结果的了解又起到了强化作用，促进了学习者更加努力学习，从而提高学习效率。

心理学家赫洛克就做过一个著名的有关信息反馈的心理实验：

赫洛克把被试者分成4个等组，在4个不同诱因的情况下完成任务。第一组为激励组，每次工作后加以鼓励；第二组为受训组，每次工作后对存在的问题严加训斥；第三组为被忽视组，每次工作后不给予任何评价，只让其静静地听其它两组受表扬和挨批评；第四组为控制组，让他们与前三组完全隔离，且每次工作后不给予任

何评价。

测试结果表明：成绩最差者为第四组，激励组和受训组的成绩则明显优于被忽视组，而激励组的成绩不断上升，学习积极性高于受训组，受训组的成绩有一定波动。这个实验表明：对学习和活动结果进行评价，能强化学习和活动积极性，对工作起到促进作用。适当激励的效果明显优于批评，而批语的效果比不管不顾的效果好。

老师为学生打分，人们往往简单地理解为对学生过往学习情况的评定，而分数对学生将来学习有可能产生的激励作用，大家的理解并不是那么多，也并没有什么深刻体会。

事实上，在人的学习活动中，总是存在着一种心理过程，他想知道自己学习的成效，而反馈就起这个作用，如果学习者能够了解自己的学习结果，那么这种对学习结果的了解将会起到强化作用，从而提高学习效率。

# 应用心理学篇

## 什么是应用心理学？

应用心理学是心理学中发展得比较迅速的一个重要学科分支。由于人们在工作及生活方面的需求，多种主题的相关研究领域形成了应用心理学学科。

应用心理学研究的是心理学基本原理在各个实际领域中的应用，包括工业、工程、组织管理、市场消费、社会生活、医疗保健、体育运动以及军事、司法、环境等。随着经济、科技、社会和文化的迅猛发展，应用心理学的前景将日益广阔。

## 什么是工业心理学？

工业心理学是研究工业领域的心理学分支。它主要研究工作中人的行为规律和心理学基础，其内容包括管理心理学、劳动心理学、工程心理学、人事心理学、消费者心理学等方面。

以往许多工业心理学家都是从研究实验心理学转向研究工业心理学的，从经典的心理物理法、反应时学习心理，到当代的认知心理学、信号觉察论等，都对工业心理学的发展产生了深远的影响。

## 什么是管理心理学？

管理心理学是把心理学的知识应用于分析、说明、指导管理活动中的个体及群体行为的工业心理学中，是研究管理过程中人们的心理现象、心理过程及其发展规律的科学。

管理心理学用组织中的人作为特定的研究对象，着重于对共同经营管理目标的人的系统的研究，在以一定的成本为前提下，最大

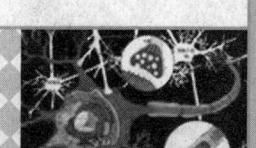

限度地调动人们的积极性和创造性，提高活动效率。现在的管理心理学均是以人本思想为前提的，有助于提高人的积极性，改善组织结构和领导绩效，改善工作生活质量，建立健康文明的人际关系，从而提高管理能力和生活水平。

### 什么是工程心理学？

工程心理学是以人—机—环境系统为对象，着重研究系统中人的行为，以及人和机器与环境相互影响的工业心理学的一部分。它最终是为了使工程技术设计与人的身心特点相匹配，达到提高系统效率、保障人机安全、并使人在系统中能够有效而舒适地工作的目的。

人—机—环境系统是一个多学科研究的问题，从事这方面研究的有心理学家、生理学家、人体测量学家、医生、工程师等。因为国家的不同或者学科的不同，这些专家往往使用不同的名称。中国和苏联等心理学界一般称"工程心理学"；美国使用"人类工程学"、"人的因素工程学"等名称；西欧各国则普遍称之为"工效学"。

工程心理学着重研究与技术设计相关的人体生理、心理特点，并且为人—机—环境系统的设计提供有关人的数据。

工作空间设计同样是工程心理学研究的重要内容，它主要包括工作空间的大小、显示器和控制器的位置、工作台和座位的尺寸、工具和加工件的相关安排等。工作空间的设计要适应使用者的个体特点，以保证工作人员能够采取正确的作业方法，从而减少疲劳，提高效率。

## 什么是人事心理学？

人事心理学就是运用心理学的原理及方法，处理人事管理问题的工业心理学分支，其目的是充分利用人力资源，促进组织目标的实现，保证组织的生存和发展。

人事心理学讲述工作分析、人员选拔、职业训练、考核与评价、报酬与奖励、福利与安全、人员沟通等方面的内容。

人事心理学是根据心理学的原理，对在职人员进行知识性和技能性的培训，提供科学的方法。培训可以直接增进个人的工作能力，提高工作效率，还可以改善组织的维系功能。例如，管理技巧培训、敏感培训、人际关系培训等都有助于增进上下级的合作和促进人际关系的和睦，从而提高组织效率。

组织的报酬制度和薪金结构是否合理，是否能激励职工为实现组织目标而全力以赴，一直是人事心理学家探讨的问题。为解决这个问题，心理学要研究报酬与动机、奖惩与行为的关系。通过对职工的考核与评价，选择恰当的酬赏与惩罚，从而达到激励职工努力工作的目的。

除了以上内容外，人事心理学的研究还探讨群体心理、人际关系、领导的选拔、训练与任用、组织变革和组织开发等与人事功能相关的内容。这些问题也是组织心理学和管理心理学共同感兴趣的问题。

## 什么是消费心理学？

消费心理学是一门实用性很强，备受人们关注的学科。它是心

理学的一个非常重要的分支，着重研究消费者在消费活动中的心理现象和行为的规律。

消费心理学是一门新兴学科，也是一门热门学科，它的目的是研究人们在生活消费过程中，在日常购买行为中的心理活动规律及个性心理特征。消费心理学是消费经济学的重要组成部分。研究消费心理，于消费者来说可提高消费效益，于经营者来说可提高经营效益。

## 什么是运动心理学？

运动心理学是心理学的一个分支。它是研究人在从事体育运动时的心理特点及其规律的体育科学中的一门新兴学科，与体育学、体育社会学、运动生理学、运动训练理论和方法，以及其他各项运动的理论和方法存在着密切联系。

运动心理学的主要任务是研究人们在参加体育运动时的心理过程，例如感觉、知觉、表象、思维、记忆、情感、意志等特点，及其在体育运动过程中的作用和意义；研究人们参加各种运动项目时，在性格、能力和气质方面的特点及体育运动对个性特征的相关影响；研究体育运动教学训练过程与运动竞赛过程中相关人员的心理特点，例如运动技能形成的心理特点、赛前心理状态、运动员的心理训练等。

运动心理学研究的内容极为广泛，例如技能学习，竞赛心理，运动对人的意义，从事运动的动机，以及运动员之间、教练员与运动员之间、运动员与观众之间的相互关系，心理训练和运动心理治疗方法等等。20世纪初期，研究的重点多集中在技能学习方面，包

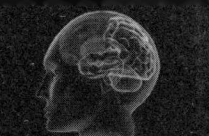

括学习的分配、保持和迁移等，而后不断深入到运动行为的理论方面。

运动心理学的研究对象大多是优秀运动员，当然也有青少年运动员；同时它也研究群众体育中的心理学问题。很多国家体育界，近年来对运动员心理素质的训练和运动员的心理选拔越来越重视。因为在运动水平越来越接近的竞赛中，心理因素对结果的好坏往往起决定性作用。所以心理测量和心理诊断学被人们广泛运用，各种心理训练方法不断涌现。

## 什么是康复心理学？

康复心理学是指研究残疾人及病人在康复过程中的心理规律。根据这些心理规律，使其克服消极的心理因素，发挥心理活动中的积极因素，保持他们的乐观积极情绪，极大程度地调动其主观能动性，发挥机体的代偿能力，使其丧失的功能获得良好的恢复或者改善、心理创伤获得愈合、社会再适应得到恢复，且能享受到人应该享受的权利。

康复心理学的发展并不是偶然的，而是有其诞生的历史背景和先决条件的：

（1）医学模式的转变是康复心理学出现的重要条件之一。

（2）社会的进步与发展，为康复心理学创造了发展的先决条件。

（3）科学的迅猛发展，为康复心理学提供了多学科的理论及实践方面的指导。

## 什么是临床心理学？

临床心理学是指运用心理学的知识及原理，帮助病人有效地纠

正自己的精神和行为障碍，通过心理咨询指导，以便培养健全的人格，从而有效地适应环境，变得更富有创造力。临床心理学注重的是对人类个体的能力及特点的测量和评估，并根据所得到的资料，对个体进行缜密地分析，以支持其所得的相关结论。

临床心理学的正式出现时间是1896年，促使它出现的因素是多方面的，包括历史和社会的，但归结起来主要包括以下三个方面：

（1）在心理学中科学研究方法的应用。

（2）对人类个体差异的兴趣的发展。

（3）对行为异常的看待及治疗方法。

美国心理学家赖特纳·韦特默（1867～1956）是临床心理学之父，因为他是第一位临床心理学家。他在1896年创建了第一个心理诊所，同时这也是世界上第一个儿童指导诊所，这成为临床心理学产生的里程碑。

## 什么是咨询心理学？

心理咨询就是通过人际关系，运用心理学上的方法，帮助来访者解决问题的过程，是一个帮助人们认识自己、了解自己、建立健康的自我形象、发挥个人潜能、迈向帮人自助的过程。它涉及到教育咨询、职业咨询、心理健康咨询以及心理发展咨询等范畴。

咨询心理学是应用心理学的一个分支，具有明显的实用性和多学科交叉性。它是研究心理咨询的过程、原则、技巧和方法，运用心理学的理论指导生活实践的一个重要领域。

咨询心理学首先兴起于美国。20世纪初期，美国工业化加速发展，城市人口剧增，需要有从事各行各业的人员，在职业选择与培

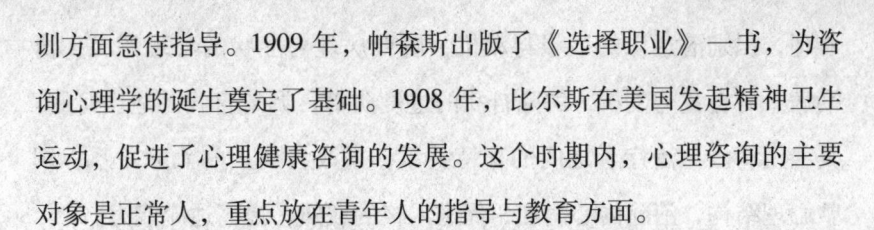

训方面急待指导。1909年，帕森斯出版了《选择职业》一书，为咨询心理学的诞生奠定了基础。1908年，比尔斯在美国发起精神卫生运动，促进了心理健康咨询的发展。这个时期内，心理咨询的主要对象是正常人，重点放在青年人的指导与教育方面。

从1930年开始，卡特尔的个别差异和心理测验的科学研究带动了以整个人格为对象的心理咨询，其中包括职业、人格、情感、家庭与健康等方面。30年代后期，职业指导、心理测量和社会教育逐渐联为一体。

第二次世界大战的爆发以及30年代以后美国经济萧条局面的缓和，以心理测量为基础的指导性谈话的临床咨询模式转变为心理治疗的模式。到40年代出现了"心理治疗的时代"。这一时期罗杰斯所著的《咨询与心理治疗》一书对心理咨询的发展产生了深远的影响。

50年代前后，咨询心理学在质与量上又有迅猛进展。1946年，美国心理学会设立咨询与指导分支。并规定：咨询心理学的目的是研究教育、就业和个人适应中的心理问题。60~70年代以来，咨询心理学在美国已发展成为仅次于临床心理学的第二大分支学科。与此同时，世界各国，尤其是欧洲，咨询心理学与心理咨询事业也先后蓬勃发展起来。

### 心理咨询主要有哪些方法？

心理咨询的方法主要有以下几种：
（1）精神分析疗法。
它是以弗洛伊德首创的精神分析理论为指导，探求病人的深层心理，识别潜意识的欲望与动机，解释病理与症状的心理意义，协助病人对自我的剖析，解除自我的过度防御，调节自我的适当管制。其善用病人与治疗者之间的移情关系，来改善病人的人际关系，调整心理结构，消除内心病症，促进人格的成熟，提高适应能力。

这种疗法适应于以下病症：癔病、心理创伤、性心理障碍、人际关系障碍、焦虑症、抑郁性神经症、强迫症、恐怖症、抑郁症、适应障碍。

（2）支持性心理治疗。

善用治疗者与病人所建立的良好关系，利用治疗者的权威、专业知识，来关怀、照顾、支持病人，使病人发挥其内在潜能，掌握应付危机的技巧，加强适应困难的能力，舒缓精神压力，帮助走出心理困境，避免精神发生崩溃。

这种治疗适应于以下症状：工作压力、学习困难、人际关系紧张、恋爱失败、婚姻危机、禁用词语行为、自然灾害所引发的心理危机。

（3）认知疗法。

认知疗法就是通过改变人的认知过程与由这个过程中所产生的观念，来纠正本人的适应不良环境的情绪或者行为。治疗的目的不仅仅是针对行为、情绪这些外在表现，而且要分析病人的思维活动和应付现实的方法，找出错误的认知加以纠正。

这种疗法适用于以下症状：情绪障碍、抑郁症、抑郁性神经症、焦虑症、恐怖症、强迫症、行为障碍、人格障碍、性变态、性心理障碍、偏头痛、慢性结肠炎等身心疾病。

（4）行为疗法。

行为主义心理学认为，人的行为是后天学习形成的，既然好的

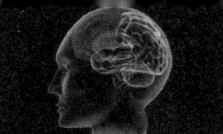

行为可以通过学习而形成，不良的行为、不适应的行为也可以通过学习训练而改正。

常见的行为治疗分为系统脱敏疗法，冲击疗法，厌恶疗法与阳性强化法，他们分别适用于以下症状：社交恐怖症、广场恐怖症、考试焦虑等，恐怖症、强迫症等，酒精依赖、海洛因依赖、同性恋、窥阴癖、恋物癖、强迫症等，儿童孤独症、癔症、神经性厌食、神经性贪食、慢性精神分裂症等。

（5）生物反馈疗法。

生物反馈疗法将正常的属于无意识的生理活动，在意识的控制之下，通过生物反馈训练建立新的行为模式，从而实现有意识地控制内脏活动和腺体的分泌。

这种治疗方法适用于以下症状：原发性高血压、支气管哮喘、紧张性头痛、血管性头痛、雷诺氏病，还能缓解紧张焦虑状态、抑郁状态，治疗失眠。

（6）家庭治疗与夫妻治疗。

夫妻治疗（又称婚姻治疗）是家庭治疗的一种特殊模式。家庭治疗是一种以家庭中成员协调家庭各成员间的人际关系，通过交流，扮演角色，建立紧密关系，达到认同等方式，运用家庭各成员之间的个性爱好、行为模式相互影响相互制约的效应，改进家庭心理功能，促进家庭成员的身心健康。

这种治疗适用于以下症状：家庭危机、子女学习困难、子女行为障碍、婚姻危机、夫妻适应困难、性心理障碍、性变态。

（7）森田疗法。

一般来说，具有神经质倾向的人求生欲望更强烈，内省力强，

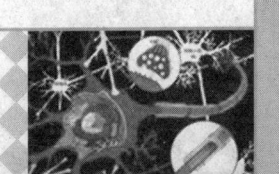

容易将注意力指向自己的生命安全,当注意力过分集中在某种内感不适上,这些不适就会愈演愈烈,形成恶性循环。森田疗法就是要打破这种精神交互影响的作用,同时协调欲望与压抑之间的相互拮抗关系,主张顺应自然、为所当为。

这种疗法适用于以下症状:神经质、强迫症、疑病症、焦虑症、抑郁性神经症。

(8)催眠疗法。

它是通过催眠的方法,将人诱导进入一种特殊的意识状态,将医生的言语或动作整合入患者的思维和情感,使其离开原来的状态,从而产生治疗效果。

这种疗法适用于以下症状:癔病、疑病症、恐怖症、身心疾病。

## 什么是人际知觉?

人际知觉又称为对人知觉,它指的是个人对他人的感知、理解和评价。包括对他人表情、动作、性格、以及行为关系等认知。

影响人际知觉的因素主要有以下几种:

(1)光环效应,也称为晕轮效应。它指的是当一个人对另一个人的某些主要品质有一个良好的印象之后,他就会以偏概全,会认为这个人其他的一切都好;当然相反,如果他对一个人的印象不怎么好时,他就会认为这个人一切都不好,事实上,这个观点是片面的。

(2)首因效应和近因效应。这里主要说明第一印象真的很重要,当你刚接触一个人时,对他的第一感知,即首先获得的信息,对于形成对他的印象起着非常重要的作用。首因效应的一个很明显的特

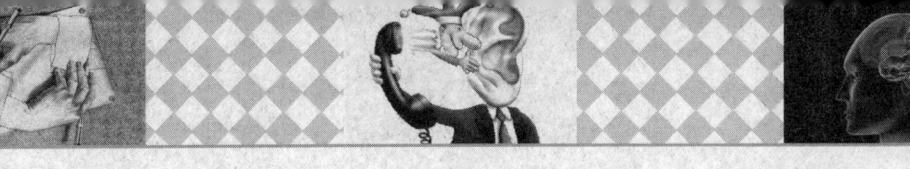

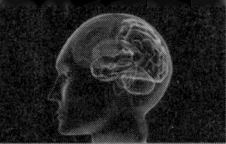

点就是在最初的印象形成之后，后来的信息就不那么受重视了。而近因效应是与其相对的，它是指在间隔不同时间获得的信息中，最后获得的信息对印象形成起着主要作用。不管怎么说，首因效应和近因效应都是由识记材料的顺序对识记效果的影响造成的。

（3）社会刻板印象。指的是一类人在评价别人时总是有自己的一套标准，而其一味地坚持那一套固定的看法，因此叫做"刻板"。社会刻板印象是笼统的、概括的，但未必都是准确的。

（4）定势。定势是存在于人心理的一种准备状态或心理倾向，它对以后心理活动的进行有一定的影响。

## 什么是人际沟通？

人际沟通是指一种有意义的互动历程。在它的概念中主要包含三个意义：

（1）人际沟通是一种历程，是表现在一段时间之内所进行的一系列的有目的行为。比如你与朋友的闲聊，或和你远在家乡的亲人的电话聊天，这种沟通也包括现在网络中在聊天室里与网友们的对谈。由此我们可以看出，只要是有一个沟通的历程并产生意义的行为，都可以说是在进行人际沟通。

（2）人际沟通的一个重要特征就是它是一种有意义的沟通历程。在进行沟通的过程中，它的内容包括其意图所传达的理由以及其重要性。

（3）沟通不是单方面的，在沟通历程中它表现的是一种互动，并且在还没有进行沟通时，双方都无法预测这个沟通互动后的结果，在沟通的过程当时以及沟通之后所产生的意义双方都要负有责任。

人际沟通具有很重要的意义，它具有心理、社会和决策等功能，并且和我们的生活息息相关。它的心理功能方面可以从两方面来理解：

（1）人际沟通在满足社会需求和他人沟通中起着很重要的作用。心理学中认为人也是一种社会的动物，人与他人相处就像需要食物、水、住所等一样重要。人的生活更离不开沟通，如果人与其他人失去了相处的机会与接触方式，就会产生一些症状，如产生幻觉，丧失运动机能，且变得心理失调。当然有一些山居隐士们自愿式选择遗世独立，这是一种例外。

（2）人际沟通可以帮助我们探索自我以及肯定自我。通过别人对自己的看法，我们可以知道自己有什么专长与特质，而且，在人际沟通中，与他人沟通后所得的互动结果，往往是自我肯定的来源。其实，每个人都想被肯定，受重视，那么从这种互动中就能知道我们的人际关系，也可以找到自己是否被肯定的答案。

## 什么是人际吸引？

人际吸引是人际关系中彼此相互欣赏、接纳的亲密倾向。

心理学家们经过实验研究，发现影响人际吸引的因素有：

（1）一个人的外表及举止通常是人际交往中的第一印象，所以留心身体外表的修饰是一个想要增进人际吸引的人都会注意的，他们往往会比较在意自己的外表，经常会进行合适的"印象修饰"。在适当的情景作出适当的服饰、举止、面部表情、精神面貌等状态，并扮演好自己所充当的角色，这样就很容易产生令人愿意接近、接收的吸引力。

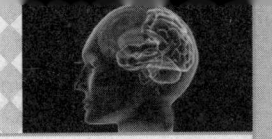

（2）熟悉的程度也影响着你的人际吸引力。大量的心理实验告诉我们，不论人或动物，当两者之间接触的次数增加，他们的熟悉度都会逐渐提高，如果熟悉度增加，那么这个人再相对于别人来说对另一方就会更有吸引力。所以，留心自己于别人的熟悉程度就会有利于增强你的人际吸引。

（3）寻找彼此的共同点及共同爱好。在生活中，我们往往总是比较喜欢那些和我们拥有共同爱好、态度以及行为方式的人，这就是人际间的"相似性"。因此，要清楚自己与他人与社会的相似性，通过扩大彼此的相似性，自己的吸引力就会得以实现。

（4）注重人际间的互惠关系。从哲学方面讲，人与人之间的关系是建立在利益基础上的，这种利益关系不仅有精神的、心理的和超现实的意义，也包括功利的、经济的和现实的作用。大多数人与人之间的交往都是向着增加酬赏和减弱代价的方向发展的。所以，在人际生活交流中，每个人都难免会有酬赏和代价方面的算计。一般说来，功利的互惠因为比较现实，所以并不能长久；而心理的互惠较能满足人的基本需求，能持续长久。因此，如果能够在精神上和心理上把感激的心情准确传达给对方，对方也将会以同样的感激对待你，为你做更多的事、更多的服务。

当然，增强自己的吸引力，不仅仅是只在意自身在人际上的"注意"，也要让自己拥有更多的内在条件，如学识、才干、品德等，这些都是我们增强吸引力的有力资源。

## 冲突可以分为哪几种类型？

冲突是一种对抗的过程，它一般发生在同一空间的两个或两个

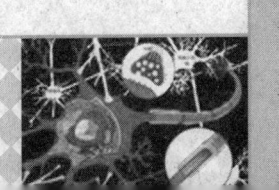

以上事物之间。从冲动是否客观存在，我们可以把它分为两种：一种是意识的，它以认识为基础，所以是无形的；另一种是物质的，物质的冲突是可见的，它是有形的。

从心理学的角度，根据对对象的接近或回避趋向，又可以把冲突分为四种：

（1）接近—接近冲突：这里诱发冲突的原因是由于两个目标具有同等的诱惑力，比如我们最常见的"鱼和熊掌不能兼得"，都是诱发接近趋向的目标时所发生的冲突。这种情况在生活中也很常见，比如母亲和妻子同时落水，两个喜欢的人同时发出约会邀请等。

（2）回避—回避冲突：指一个人必须在两个目标中选择其一，而这两种选择带来的不良影响是同等的，即同时面对的两个目标都是只能诱发回避趋向时所发生的冲突。比如前有狼，后有虎；前有悬崖，后有追兵等。

（3）接近—回避冲突：指个体面临的某个目标既诱发了接近趋向，又诱发了回避趋向，即必须选择的那件事有利又有弊。比如想吃大蒜又怕嘴里有异味；想吃糖，又怕长蛀牙等。

（4）双重接近—回避冲突：指个体面临在两个都带来接近—回避冲突的目标中选择其一时产生的冲突。比如现在求职难的时候，有两个选择：山村教师，某大公司门卫。

这种冲突产生的原因是各种各样的，但归根结底是由社会不平等造成的，如财产、权力和声望分配的不平等，它们都会引起多方的冲突。如果社会经常冲突很明显，那么会具有一定的破坏作用，但也刺激着社会不断进步。

关于冲突的社会功能，不同的派别存在不同意见。结构功能主

义对冲突持否定态度，而冲突理论则强调冲突的正面意义，认为一个社会中存在错综复杂的冲突，可以防止社会分裂和社会僵化。

### 什么是管理？

管理是客观事物最一般、最本质的特征。管理的定义是管理学理论的基本内容，所以说清晰地掌握管理的定义也是理解管理问题和研究管理学最起码的要求。

光从词义上来理解，管理通常解释为主持或负责某项工作，在生活中，人们对管理的理解一直就是这样。但自从管理进入人类的观念形态以来，在人类的共同劳动中，几乎每一个思考管理问题的人，都可以对管理现象做出一番自己的描述和概括，而且对自己的这种描述和概括都很顽固地维护着，认为他所理解的才是正确的甚至唯一的，正因为如此，人类对于管理定义的理解一直无法取得一致性。

所以管理概念具有多义性，它会因为不同的时代、不同的社会制度以及专业的不同而产生很多不同的解释和理解。

虽然没有一个确切的定义，但是我们对管理的概念可以做一个剖析。我们知道管理是一种行为，那么作为行为，首先就应当有行为的发出者和承受者，即谁对谁做，除此之外，作为一种行为，还应有行为的目的，即为什么做。由此我们可以看出，形成一种管理活动，包括三个要素，即管理主体、管理客体及管理的目的。管理主体，即由谁来进行管理的问题；管理客体，即管理的对象或管理的问题；管理目的，即为何而进行管理的问题。这三者结合就构成了管理活动的基本要素。

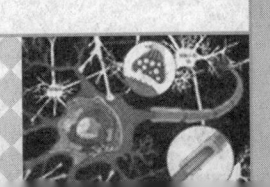

同时，我们还了解，任何管理活动都不可能是一种孤立的活动，它还需要在一定的环境和条件下来进行。

## 什么是能力？

能力，即顺利完成某一活动所必需的主观条件。

能力是一种个性心理特征，它能直接影响活动效率，并使活动顺利完成。因此，能力总是和人完成一定的活动紧密联系在一起的。离开了具体活动，人的能力就无法表现出来，也会因此而得不到一定的发展。但是，虽然如此，我们也不能把凡是与活动有关的，并在活动中表现出来的所有心理特征都认为是能力。所以，能称为能力的心理特征必须要具备三个条件：首先，它必须是完成某种活动所必需的；其次，这个心理特征能直接影响活动效率；第三，它对活动的影响只能是正面的，能使活动顺利进行。具备了这些，才是能力。例如人的体力，知识以及人是否暴躁、活泼等，尽管它们对活动有一定影响，但不是顺利完成某种活动最直接最基本的心理特征，因此，也不能称为能力。

能力可以从以下几个方面来理解：

（1）一般能力和特殊能力：一般能力是能力中最一般的部分，它是指观察、记忆、思维、想象等能力，通常也叫智力。它是人们完成任何活动所不可缺少的部分。特殊能力是指人们从事特殊职业或专业所需要的特定能力。例如从事音乐方面的职业所需要的听觉表现能力，所以人们不管从事哪一种职业都离不开一般能力和特殊能力，它们两者相互促进，缺一不可。

（2）流体能力和晶体能力：流体能力特指一个人的先天禀赋，

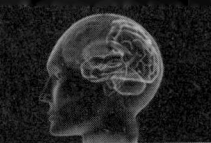

是个体在信息加工过程和问题解决过程中所体现出来的能力。而晶体智力则来自于后天的学习，主要指获得数学、语文等知识的能力。

（3）模仿能力和创造能力：模仿能力比较被动，它是通过观察别人的行为、活动，然后进行学习模仿，以相同的方式做出同样反应的能力。而创造力则体现得非常主动，它是指个体产生新思想和创造新产品的能力。

（4）认识能力、操作能力和社交能力：这三种能力是按照它的功能来划分的。认知能力是人们在完成一项活动时所需具备的很重要的心理条件，指接收、加工、储存和应用信息的能力。操作能力是掌握技能的重要条件，指操纵、制作和运动的能力。而社交能力是人们在社会中所表现出来的，包括语言能力以及管理能力等。

# 司法心理学篇

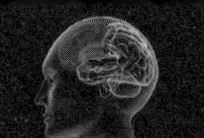

## 什么是司法心理学？

司法心理学是研究司法实践中的心理活动规律的一门学科，开始于19世纪末20世纪初。它基本上包括犯罪心理学、审判心理学等分支。犯罪心理学研究犯罪行为的心理机制与犯人个性；审判心理学研究审判过程中出现的各种心理问题；矫正心理学研究犯人如何改造的心理学问题；法制心理学则研究法律意识及其培养问题。

## 什么是犯罪心理学？

犯罪心理学是研究犯人的意志、思想、意图及反应的司法心理学分支，与犯罪人类学相关联。这一门学科深入研究的重点在于有关"导致犯罪的因素"的问题，但也包含人犯罪后的举动，在逃跑中或是在法庭上的行为。犯罪心理学家也可以作为证人，来帮助法庭了解犯人的心理。精神病学也会涉及到一部分的犯罪行为。

笼统地说，犯罪心理学是以犯罪心理为研究对象。但关于犯罪心理学的定义有两种说法：狭义和广义的，至今仍莫衷一是。狭义的犯罪心理学，是指运用心理学的基本原理研究犯罪主体的心理和行为的心理学分支。广义的犯罪心理学，则是指运用心理学的基本原理，研究犯罪主体的心理和行为以及犯罪对策中的心理学问题的心理学分支。

犯罪心理学有以下特点：

（1）犯罪心理学具有交叉性、边缘性的特点。

（2）犯罪心理学具有社会科学与自然科学的综合性特点。

（3）犯罪心理学是一门或然性学科。

研究犯罪心理学的目的：

（1）为发展犯罪科学和心理科学发展作出贡献；

（2）为预防和惩治犯罪以及矫治罪犯的实践任务服务。

犯罪心理学常用的方法：观察法、调查法、实验法、心理测试法、案例分析法、经验总结归纳法、数量统计分析法。

## 犯罪心理学的研究对象是什么？

因为犯罪心理学有狭义和广义之说，所以犯罪心理学的研究对象也就有了狭义和广义之分。

狭义的犯罪心理学的研究对象是指犯罪人即犯罪主体的心理和行为，也就是说犯罪心理与犯罪行为是其研究对象。犯罪主体的心理包括以下几个方面，即其心理过程和个性心理、犯罪心理结构形成的原因与过程、犯罪心理外化为犯罪行为的机理、犯罪过程中的心理活动、犯罪心理不断发展变化的规律以及如何对犯罪心理结构施加影响和加以教育改造等。简单地说，它只是研究犯罪人的个性缺陷以及相关的心理学问题。

广义的犯罪心理学的研究对象，除了包括狭义的犯罪心理学的研究对象之外，也包括犯罪对策中的心理学问题，例如预防犯罪、惩治犯罪以及教育改造罪犯的心理学问题；还包括有犯罪倾向（通常指有这方面想法但是还未实施犯罪）的人的心理以及刑满释放人员的心理；另外还包括被害者心理、证人心理、侦查心理、审讯心理、审判心理以及犯罪的心理预测等等。概括地说，既研究犯罪人的心理和行为，又研究与犯罪作斗争的对策心理学部分，称之为广义的犯罪心理学，即被认为是司法心理学的有关

内容。

广义的犯罪心理学研究范围非常广，可以从两个方面来加以确定：

（1）一般说来把以下五种人的心理和行为作为研究对象：

①犯罪心理学研究的主要对象：犯罪人；

②实施了违反刑法，但情节并不严重，危害不大，不认为是犯罪的行为和违反治安法规的行为而又必须接受治安部门所处理的对象，即一般违法人；

③刑满被释放的人和解除劳动教养人员；

④为了提高办案质量，另外还要研究揭露与惩罚犯罪的有关人员，主要指司法部门人员；

⑤直接影响罪犯犯罪心理矫治的成效的人，即监管矫治罪犯的人员和监狱的工作人员。

（2）一般来说犯罪心理学研究以下几种课题：

①犯罪心理结构；

②形成犯罪心理结构的原因；

③犯罪心理形成与犯罪行为发生的机制；

④犯罪心理结构的发展变化；

⑤不同类型犯罪人的心理特点及行为特征；

⑥个体犯罪的心理预防对策，犯罪侦查心理与审讯、审判心理以及罪犯矫治等犯罪对策方面的问题。

## 犯罪心理学的研究分为几个基本步骤？

首先，要建立假设。通过仔细观察假如对未知现象及其相互间

的关系产生了疑惑，根据已知的科学事实和原理进行尝试性或假设性的推测，即提出问题。

其次，要搜集资料。建立假设后，接下来就是根据事实相关资料来验证假设。搜集资料的方法主要包括观察法、调查法、问卷法、个案追踪法等。

然后，要分析资料。运用适当的方法将搜集到的原始资料加以整理、分类、总结，即系统化和简约化。

最后，要做出结论。这是一个验证确定假设是否正确的过程。

## 犯罪心理学是怎么发展起来的？

18世纪末19世纪初是犯罪心理学研究的第一个活跃期。

1790年德国人明希编写的《犯罪心理学在刑法制度中的影响》，最早出现了犯罪心理学这个词；而1792年德国人绍曼编写的《犯罪心理学论》是最早以犯罪心理学为书名的著作。

19世纪末，在龙勃罗梭实证研究的带动下，出现了犯罪心理学的第二个活跃期。

1872年，德国出生的奥地利精神病学家理查德·克拉夫特·埃宾出版了《犯罪心理学纲要》，1897年，奥地利犯罪学家汉斯·格罗斯出版了《犯罪心理学》，这两本书的问世是犯罪心理学诞生的标志。

20世纪40年代时，美国战略情报局要求精神病学家威廉·兰格侧写阿道夫·希特勒的心理，由此犯罪心理学也可称之为犯罪侧写。

20世纪50年代时，美国精神病学家布鲁塞尔精确地描写了恐怖份子攻击纽约的不寻常心理状态。

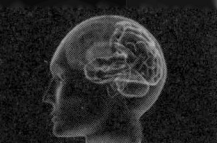

20世纪80年代中期，英国的大卫·康特博士指导警方侦探侦办已犯下一连串重大攻击行为的罪犯。

## 什么是审判心理学？

关于审判活动，目前在国内仅仅是从法制建设与法律理论上探讨，很少见到从心理学角度开展研究的文章。即便在国外，也总是把审判心理学作为司法心理学或者广义的犯罪心理学的一个组成部分，这方面的专著还是比较少。然而，审判心理学作为法制心理学或司法心理学的一个独立的分支，它的地位却是毋庸置疑的。

审判活动是由人组织，并且在许多人参与下才可以进行的。所以，关于人在审判过程中，即在法庭这一特殊环境与条件下所产生的特殊心理现象就具有了研究的意义，其中特别是被告人和审判人员的心理状况，最直接地对审判活动产生影响，导致审判结果的公正与否。

审判心理学就是运用心理科学的原理，来分析研究参与审判活动的相关人在诉讼过程中的不同心理及其对审判的影响，为了帮助审判人员正确地进行法庭指挥，作出符合事实与法律的公正判决提供心理学依据的心理学分支。

广义的审判心理学是研究一切与司法审判活动相关的心理现象，即包括民事审判、刑事审判与经济审判在内的全部心理学方面的问题；狭义的审判心理学，只局限于研究与刑事诉讼相关的心理现象及其规律。一般我们指的审判心理，是指狭义的审判心理，即刑事诉讼心理。因此，国外学者也有称审判心理为刑事诉

讼心理。

审判心理学的研究，对于从事司法审判工作的人来说，具有以下实用价值：

首先，有助于有效地进行审判活动，提高审判工作的质量。

其次，有助于加强对被告人的教育和完善综合治理工作。

## 审判心理学是怎么发展起来的？

奥地利犯罪学家汉斯·格罗斯于1893年出版的《司法检验官手册》，以及1897年出版的《犯罪心理学》，对于审判心理与犯罪心理，都有详细论述。这本书已经涉及到审判心理的内容，即便他并没有使用审判心理这个概念，但是也不能磨灭它作为审判心理学早期著作诞生的重大意义。

1906年，法国学者格拉巴德所著的《审判心理学》是最先使用审判心理学名字发表的著作。

随后不久，德国学者赖西尔1910年的《审判心理学论》和马尔贝1913年的《审判心理学概要》相继问世。

1920年，意大利学者阿尔塔维拉发表的《审判心理学》也很有名。

第二次世界大战后，欧洲各国研究审判心理学的著作越来越多。

美国和苏联的学者基本上称审判心理学为司法心理学或法庭心理学。1964年，舒伯特发表的《司法行为》一书，集中反映了美国学者关于审判心理学的研究成果。苏联A·B·杜洛夫著《司法心理学》（1975年版）和B·M·瓦西里耶夫著的《法律心理学》（1974年版），同样涉及许多审判心理方面的内容。日本森武夫著的《犯罪

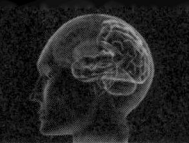

心理学入门》（1978年版）以专章论述审判心理，它目前在我国也已经有了译本。

### 青少年是怎样走上犯罪之路的？

在犯罪学的概念中，青少年一般是指已满14周岁而不满25周岁的人。这个概念跨越未成年和成年两个区域，包含"少年"和"青年"两个年龄段的人群。

青少年犯罪的主要特点：犯罪人年龄偏小，并呈现逐渐低龄化趋向；犯罪时并没有很恶劣的动机，多是出于享乐或者精神空虚等而实施的犯罪行为，多采用结伙犯罪形式；犯罪时很随意，没有提前预谋，具有突发性，大多由于一时冲动，不计后果；少女犯罪率上升；罪犯改造难度大，重新犯罪的可能性上升。

那么，青少年犯罪是怎样引起的呢？从主观上讲，青少年正处于生理、心理逐渐走向成熟而并没有成熟的时期，正确的世界观还没有形成，无法正确地观察社会，并作出正确的判断。而且这时的他们意志品质薄弱，极容易受到各种不良风气和坏思想的影响，养成"哥们义气"、"享乐主义"等种种不良习惯和不正确思想，并具有强烈的冲动性，再加上没有适当的教育引导，就很容易走上犯罪道路。

而从客观上讲，其具体有以下几个原因：

首先，青少年很容易受到社会风气的不良影响。由于我们忽略了对青少年的思想教育，再加上在我们的工作中或者是社会上经常会出现请客送礼、贪污贿赂等腐败现象，使青少年在社会的影响下失去了是非观念，产生了矛盾心理，甚至对正确的东西也持怀疑

态度。

其次，青少年也容易受到外来腐朽思想和文化的腐蚀。自从对外开放以来，资本主义国家的那种腐朽思想生活方式也迅速地在中国传播开来，在青少年中产生的不良影响也不容忽视。

第三，家庭在教育、制止和挽救青少年犯罪方面的作用是非常重要的，但是有些家长不但不能以身作则地教育自己的子女，甚至成为青少年走上犯罪道路的引路人。

最后，在社会上，人们还并没有去根据青少年时期的思想特点去理解他们的思想及行为，整个社会应该形成一种关心爱护青少年、制止青少年犯罪、挽救失足青少年的好风气。

总之，校正青少年犯罪是一项很复杂的系统工程，它需要家庭、社会的共同努力。

### 怎样预防青少年犯罪？

预防青少年犯罪一般都需要做到以下几点：

（1）预防或排除产生犯罪的因素。教育青少年不仅是学校和家庭的任务，各级党和政府也应该重视青少年的思想问题，把预防青少年犯罪的工作提到重要的议事日程上来。社会、家庭、学校三管齐下，了解、抓住青少年的心理特点，培养他们热爱祖国的爱国情操，帮助他们养成良好的生活习惯，要求他们树立法律观念，并努力为青少年的健康成长创造一个良好的社会、精神环境。

（2）我们要做好"扫黄"工作，彻底清除一切的精神鸦片。杜绝黄源，要大张旗鼓地宣传社会主义精神文明建设，用良好的社会风气熏陶人们的思想，丰富人民群众的文化生活，这样不仅使青少

年能够生活在一个健康的环境中，而且有助于他们培养正确的人生观、价值观。

（3）要广开就业渠道，扩大就业门路。我们在实际生活中要意识到他们所存在的实际问题并给予及时的解决，最大限度地解决待业青年及"两劳"人员的就业安置工作，也就避免了他们无事生非的机会，减少了犯罪的几率。

（4）学校也要加紧对青少年的教育，坚决在贯彻德、智、体全面的教育方针时，把德育放在首位，把学生培养成有理想、有纪律、有文化、有道德的社会主义新人。要看到每一个差生的长处，并多给予指导，教师要经常性地给他们讲理想、讲人生、讲奉献，不能对他们讽刺、挖苦，更不能一发现错误就将他们赶出校门，把隐患留给社会。

（5）家庭在青少年犯罪中占有主导地位，因此要担负起预防青少年犯罪的主要责任。在日常生活中，家长要注意观察青少年的一言一行，如发现异常应及时想办法将犯罪消灭在萌芽状态。另外，家长在工作之余应尽量抽出一定的时间，多与孩子谈心，能够做孩子的朋友。及时和孩子进行沟通和交流，或许就会避免许多不该发生的人生悲剧。

现在，青少年犯罪问题已经非常严重，所以，全社会应该团结起来，主动关心青少年的成长，使他们在一个健康的环境中有一个美好的青少年时期，并使他们充分利用自己的优势为社会的进步和发展、为构建和谐社会贡献一份自己的力量。

### 家庭暴力有什么危害？

家庭暴力是一种残害行为，它的突出特点在于它发生在家庭成

员之间，这种行为是以殴打、捆绑、禁闭、残害或者其它手段对家庭成员从身体、精神、性等方面进行伤害和摧残的行为。

家庭暴力直接作用于受害者身体，使受害者身体上或精神上感到痛苦，它不仅严重损害被害者的身体健康，而且对被害人的人格尊严也造成一种侵犯。家庭暴力主要发生在有血缘、婚姻、收养关系，并生活在一起的家庭成员之间，如丈夫对妻子、父母对子女、成年子女对父母等。但尽管这样，在家庭暴力中，妇女受丈夫的暴力侵害是最常见的，由此她们所受到的身心伤害非常大，尤其是到了现在，家庭暴力基本上已经只运用在丈夫对妻子施暴上。

家庭暴力轻则造成身体上的疼痛以及精神痛苦，重则会造成重伤甚至死亡，这种伤害是无法想象的。

因为暴力本身比较倾向于生物性，所以说家庭暴力是一种社会和生物因素共同作用的现象。自人类组成家庭以来，家庭暴力也随着产生。在家庭暴力中，受害者多半为妇女和儿童。引起暴力的因素有很多方面，但心理因素的作用却是最重要的，而且有许多精神障碍都是诱发暴力的重要因素，我们可以这么说，家庭暴力的实施者至少在当时就存在心理障碍。

虽然家庭暴力在家庭出现的时候就开始伴随，但避免家庭暴力并不是十分困难的事。首先，从社会上说，应该加强精神卫生知识的宣传，帮助人们正面地处理家庭矛盾，这对消除家庭暴力有很大的积极作用。其次，因为大部分发生暴力行为的个体可能存在心理障碍，所以很有必要让他（她）们到精神科医生那里进行诊治，以避免更严重的后果发生。

## 家庭暴力产生的主要原因有哪些？

产生家庭暴力的原因有很多，归纳起来，主要体现在以下几个方面：

（1）观念错位，贪恋婚外情可能导致家庭暴力。随着社会的发展，改革开放和市场经济体制的确立，人们的思想观念发生了深刻的变化。很多人在各种思想各种观念中无法分清真假善恶，思想迷失了方向，道德观念特别是婚姻道德观念受到各个因素的影响，因此发生了错位。

（2）一些男性性格扭曲、品行不端可能会直接引发家庭暴力。有的男性性格扭曲、喜欢怀疑，对自己的妻子总是不放心，常常怀疑妻子生活作风不检点，并提出很多不合理的要求，比如不许妻子和别的男性说话、不许妻子贴补家用外出打工赚钱等，若妻子有反抗，那么就会遭到家庭暴力。

（3）严重的大男子主义思想作祟引发家庭暴力。有的男性的大男子主义思想非常深刻，经常会因为一点点生活小事，对妻子大打出手，好像这样才能满足自己"男子汉大丈夫"的自尊心。

（4）从历史发展来看，我国长期以来"男尊女卑"的传统夫权思想在现代社会里仍然存在。而且我国妇女的地位存在事实上的不平等，另外，很多人认为，家庭暴力属于家庭内部的事。

（5）家庭暴力的盛行也有相关部门的责任，有关部门对家庭暴力问题并没有重视。甚至有些单位的领导认为家庭暴力属于家庭内部事务，不予过问。

（6）法律的不完善也造成了家庭暴力的滋长，目前我国现行法律尚无配套的比较完善的预防制止家庭暴力的措施，因而缺乏执法监督制度。虽然保护家庭成员人身权利、制止家庭暴力的法律在其他的法律中也有一些规定，但是比较分散，原则性强、可操作性差。

（7）在法律宣传和教育方面开展得不够广泛和深入，因此许多公民根本就没有意识到家庭暴力已经属于侵权行为，是违法的。而且尽管有社会道德的约束，但社会舆论对此很少谴责，都采取宽容态度，所以对施暴者没有一定的威慑作用。

### 被害人有哪些特性？

被害人，在法律上的定义是合法权益遭受犯罪行为侵害的人。

虽然只是一句简短的话，但是要正确理解被害人这一概念，就要注意三个方面：一是被害人的合法权益或正常生活秩序受到侵害或干扰；二是被害人是犯罪行为的直接侵害对象；三是被害人的主体并不仅仅指自然人，它还包括法人、其他组织和国家。

被害人有如下特性：

（1）被害性：是被害人首要的基本特征。它是一种有被侵犯和破坏可能的客观实在条件，由被害人的生理、心理、精神等各方面要素所构成。这种客观存在是固有的，因此当犯罪行为对其作用时，便产生了被害结果。所以说，被害性是一种隐伏着的可能性，当犯罪人犯罪行为加于其上，被害就变成了现实，而这种现实性的载体，即被害人。

（2）互动性：是指在被害的过程中，被害人和犯罪人相互联系、相互影响而使被害实现的特征。这种被害的互动性将被害人和犯罪行为置于社会互动中进行分析。

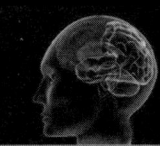

(3) 可责性：又称归责可能性，它是指被害人对自己所遭到的侵害也有一定伦理、道德甚至法律方面的责任，因而被害人也常常具有某些应当受谴责的特性。可责性特指被害人有错时这个被害人所具有的特性，即只有被害人有过错，并且其过错导致了犯罪行为的时候，被害人才具有这一特性。

## 如何进行犯罪心理矫正工作？

我们在进行犯罪心理矫正工作时，应该做好以下几个准备：

（1）明确指导思想，监狱在开展犯罪心理矫正工作之前，首先应该明确指导思想，将"为服刑人员改造服务，为监狱安全稳定服务"作为这项工作的宗旨。以心理矫治工作的基本理论为依据，对新时期的犯罪心理进行深入分析并研究适当的矫治方法，加大罪犯心理矫治工作力度，不断提高狱政管理的科学性，教育改造的针对性。

（2）建立心理矫正工作网络，建立一个完善的心理矫正网络，从心理健康教育中心、心理咨询联络员、心理健康宣传员三方面着手，做好犯罪心理矫正工作的组织保障。

（3）完善规章制度，在做该项工作时应制定并完善规章制度，并且建立相关的心理咨询效果反馈表等相关台账。

（4）心理健康教育是重点，很多罪犯对其的不了解或者误解是阻碍该工作的"拦路虎"，因此，做好宣传教育工作是其他工作能否成功的根本保证。怎么做好这种宣传，有很多方法，比如我们可以在监狱黑板报、墙报、监狱小报上对心理卫生进行剖析，还可以在出入监教育中开办心理健康课，总之，运用多种多样的形式帮助罪犯人知道心理的重要性。

（5）重视专业人员培养。心理矫治工作人员是这项工作的重要环节，所以，工作人员要在原有的基础上不断学习培训、补充"养料"才能更好地做好该工作。而且，从事这项工作可能会遇到各种困难和阻力，所以必须要有较好的心理素质和对该工作的热爱，才能将这项工作顺利地进行下去。

（6）心理咨询工作和日常管理相结合。心理咨询除了固定的安排好的集体咨询外，还应该灵活多样化，可以把心理咨询的工作与日常管理结合起来，通过建设门诊咨询等可以对罪犯进行个别诊断和疏导。

（7）心理测量与诊断和个别教育相结合。心理测量应和个别教育结合，这样我们才能准确掌握罪犯个性心理特征，然后才能制定正确的方案对罪犯进行改造，还可以预防突发事件的发生。

## 什么是恐怖主义？

恐怖主义，是指在整个国际范围内，某些国家、组织或个人在一定的政治目标或其他企图的情况下所采取的有损他方的行为。如用绑架、暗杀、爆炸、空中劫持、扣押人质等恐怖手段来进行的主张和行动。

恐怖主义的活动行为其实与"刑事犯罪的国际恐怖活动"所采用的手段以及对社会造成的危害大同小异，但由于恐怖主义又带有一定的政治色彩，故又被称为政治恐怖主义。

现在我们经常所说的恐怖主义事件主要是由极左翼和极右翼的恐怖主义团体，以及极端的民族主义、种族主义的组织和派别所组

织策划的。

自从20世纪60年代以来，恐怖主义事件开始日益增多，恐怖主义活动日益频繁，并不断在西欧、中东、拉丁美洲和南亚等地区蔓延。由于恐怖主义活动对整个国际社会的安全和秩序都有着严重的威胁，因此，许多国家都纷纷采取一定的措施来对抗恐怖主义。各国之间先后颁布了相关的反恐怖主义的法令并建立了反恐怖部队，在国际上注重加强国际间的合作。

反恐怖主义已经成为各国迫在眉睫的任务，在1972年11月18日，联合国大会通过决议，成立了恐怖主义问题特设委员会，主要用来负责研究制裁国际恐怖主义活动的措施。1973年起联合国大会又通过了一系列反恐怖主义的公约，伴随着的还有一些区域性组织也共同制定了反恐怖条约。

中国也积极地加入了反恐的阵列中，中国政府分别加入了联合国和国际民航组织通过的反恐怖主义公约。中国政府一贯反对和谴责一切形式的恐怖主义，并强调反对以恐怖主义手段进行政治斗争。

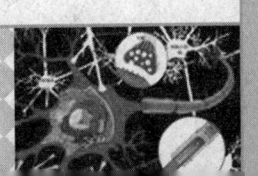

# 心理效应篇

## 什么是霍桑效应？

"霍桑效应"开始研究于1924年，1927~1932年间乔治·埃尔顿·梅奥教授持续多年对霍桑实验结果进行研究、分析。

霍桑是美国西部电气公司坐落在芝加哥的一间工厂的名称。实验起初研究的是工作条件与生产效率之间的关系，包括外部环境影响条件（例如照明强度、湿度）和心理影响因素（如休息时间长短、团队压力大小、工作时间间隔、管理者的能力大小）。

霍桑实验是建立在科学管理的逻辑基础上的实验，是工厂为了观察和提高人们的劳动效率而进行的实验。1927~1932年，由梅奥主持的实验前后经历了四个阶段。

第一阶段：车间照明实验。

即"照明实验"，其目的是为了搞清楚车间照明强度对生产率所产生的影响。遗憾的是，实验并不成功，人们依然迷惑不解。

第二阶段：继电器装配实验。

即"福利实验"，其目的是为了找到影响职工积极性的因素。他后来对实验结果进行分析，以下四种假设不成立：

（1）产量增加有赖于物质条件和工作方法。

（2）可以解除或减轻疲劳，可以安排工间休息和缩短工作日。

（3）工作的单调性需要工间休息的调节。

（4）促进产量增加的一个因素是个人计件工资。

最后的结论是：改变监督和控制的方法能改善人际关系，能改进工人的工作态度，促进产量的提高。

第三阶段：大规模的访谈计划。

即"访谈实验"。经过访谈，研究人员发现，工人因为关心自己个人问题会影响到工作的效率。因此管理人员应该了解工人的这些问题，能够倾听并且理解工人，能够热情地去关心他们，这样才能够促进人际关系的改善与职工士气的提高。

第四阶段：继电器绕线组的工作室实验。

即"群体实验"，其目的是要证实在上述实验中研究人员似乎感觉到在工人当中隐藏着一种非正式的组织，而这种非正式的组织对工人的态度有着非常重要的影响。

实验者为了系统地观察出实验群体中工人之间的相互影响，在车间中挑选了14名职工，让他们在一个单独的房间内进行工作。

实验开始时，研究人员向工人声明，在这里实行的是计件工资制，所以大家要努力工作。不过结果出乎意料，工人实际完成的产量只保持在中等水平上，而且每个工人的日产量都是比较均衡的。究其原因，原来是工人们自动限制产量，理由是：如果他们拼命努力地工作，就可能造成其他同伴的失业，乃至公司会制定出更高的生产定额来。

而研究者为了了解他们之间能力的差别，又对实验组的每个人进行了灵敏度和智力测验，发现3名生产最慢的员工灵敏度是最高的。测验的结果与实际产量之间的这种微妙关系使研究者注意到群体对这些工人的重要性。

## 什么是齐氏效应？

在心理学中，"齐氏效应"是指人们因工作压力而导致的心理上的紧张状态。

法国心理学家齐加尼克做了这样一个实验——"困惑情境"实验。

齐加尼克请来一些被试者,并将他们平均分成两个组,然后要求他们在同样的时间里去完成20项工作。在这之间,齐加尼克对一组受试者进行干预,导致他们因被打扰而未能完成任务;而对另一组,齐加尼克则不加干预,让他们顺利完成全部工作。实验结果是,虽然这两组被试者在接受任务的时候都很紧张,不同的是,那个顺利完成任务的一组紧张状态却逐渐消失了;而那个未能完成任务的一组紧张状态却持续存在,他们的思绪依然被那些尚未完成的事情困扰着。后来我们把这种情况称为"齐氏效应",又称"齐加尼克效应"。它告诉我们:人在接受某一任务时,必然会产生紧张心理,这种紧张心理只有在任务完成后才会彻底消失。假如任务没有完成,则紧张心理将持续不变。

## 怎么理解环境与心理暗示?

心理暗示,是人们日常生活中最常见的心理现象。它是人或环境以十分自然的方式向个体发出信息,个体无意中接受到这种信息,从而做出相应的反应的一种心理现象。心理学家巴甫洛夫指出:暗示是人类最简单、最典型的条件反射。

人在一个地方生活久了,就会不自觉地接受环境的暗示。这种暗示会引起人心理和身体方面一系列变化,甚至会影响一个人的命运。这种暗示可以来自多方面,如植物、建筑、周围环境、环境历史、室内装饰等等。

我们会因为花草茂盛而感觉生机勃勃,信心十足;会因为花草凋零想到衰老想到死亡，继而生发悲哀与伤感。我们也会因为房子宽敞，心情开阔，因房子低矮而感到压抑。屋大人少，容易让人觉得孤独寂寞；屋小人多，容易让人窒息、不安。时间久了，这种心理容易导致生理上的疾病，甚至会导致性格上的变异。

房屋门正对着坟墓，就会让人焦虑不安，感到晦气；如果大型建筑紧挨着你的房子，它的气势会让你有压迫感；倘若巨型建筑横在你的门前，你会感到一出门就被阻隔，很痛苦。

新买的房子发生过烧杀抢劫事件，住在这里就无法安心享受；你的房子建在一片坟墓上，必然会给心理带来压力；有乌鸦在树上冲着你的房子叫，你肯定心里不爽，因为传说乌鸦报丧；有猫头鹰夜半在你房上叫，你会心惊肉跳，因为传说猫头鹰一叫，就要死人。

环境对人的心理影响程度如何，归根究底取决于人的心理素质。心理素质好，影响轻；心理素质差，影响就大。具有敏感、迷信、自卑、虚弱、失意落魄等特点的人，容易受环境暗示，特别容易受到不良暗示。反之，自信的人，坚强的人，春风得意的人，不信命的人，就不容易受到暗示，或者说比较容易接受良性暗示。

## 什么是颜色定律？

心理学家研究发现，颜色具有影响人情绪的特性。

一般来说：红色让人情绪热烈、饱满，激发爱的情感；黄色却让人联想到快乐、明亮，使人兴高采烈，充满喜悦；绿色则象征和平，使人有安定、恬静、温和之感；蓝色会给人安静、凉爽、舒适之感，使人心胸开朗；灰色使人感到郁闷、空虚、无助；黑色使人

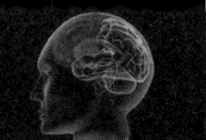

感到庄严、压抑、沮丧和悲哀；白色使人有素雅、纯洁、明亮、轻快之感。

　　国外有过这样一个真实的例子：有一座黑色的桥梁，每年都会有一些人在那里自杀。后来有人提出把桥梁颜色改为蓝色，发现自杀的人明显减少，最后人们又把桥涂成了粉红色，就再也没人在那里自杀了。

　　那么，究竟是什么原因影响了最后的结果呢？

　　从心理学的角度分析，这是由于颜色对人的心情造成了不同的影响。黑色显得阴沉，容易使痛苦和绝望的心情更强烈，容易把本来心情绝望、濒临死亡的人，向死亡又推进一步。而天蓝色与粉红色，则容易使人感到爽心轻快，充满希望，可以调节到人的心情，也说不定可以扭转一个人必死的决心。

　　颜色影响人情绪的同时，其实也同样影响到了人的身体健康。在红色光的照射下，手的握力会比平时增强一倍；在橙黄色光的照射下，手的握力会比平时增强半倍。

　　在临床实践中，学者们对颜色治疗同样进行了研究，结果发现高血压病人如果戴上烟色眼镜，会导致血压下降；看到红色和蓝色，却可以使血液循环加快；病人如果住在有白色、淡蓝色、淡绿色、淡黄色墙壁的房间里，心情容易安定、舒适、平和，有助于健康的恢复。

　　认识了颜色对心理的影响，我们就可以根据心理的需求，在自己所处的环境中选择特定的颜色，来调节自己的心情。假如心情郁闷时，可以换上新的干净的或者鲜艳的衣服，或者在卧室的墙壁上刷上温暖的颜色，让自己的心情变得舒畅、愉快。我们也可以在自己的电脑屏幕上，根据心情选择不同的背景颜色，等等。

## 什么是心理摆效应？

在受外界刺激的影响下，人的感情就会产生多度性和两极性。每一种情感都具有不同的等级，也有着与之相对立的情感状态，如爱和恨、欢乐和忧愁等。"心理摆效应"实质是指在特定背景的心理活动过程中，感情的等级越高，呈现出的"心理斜坡"就越大，所以也就很容易向相反的情绪状态进行转化，即假如此刻你感到兴奋无比，那相反的心理状态极有可能在另一时刻或在你没有准备的情况下出现。

首先，要消除某些思想上的偏差。人生不会总是高潮，生活更不可能永远是诗。人生有聚也有散，生活有笑也有泪。有些人因为希望生活永远是激情、浪漫、刺激等理想的境界，所以对缺乏上述因素的平凡生活状态总是心存排斥之意，他们的心境肯定会因生活场景的变化而大起大落。

其次，人们应当学会体验各种生活状态中的不同乐趣，既能在激荡人心的活动中体验激情的热烈奔放，又能在平淡如水的日常生活中享受悠然自得的生活情趣。唯有如此，自己才可以在生活场景发生较大转换时，避免心理上产生巨大的失落感与消极的情绪。

最后，要增强理智对情绪的调控作用。人在让自己快乐幸福的生活时空中，应该保持适度的冷静和清醒。而当自己转入情绪的低谷时，要尽量避免不停地回顾自己情绪高潮时的"激动画面"，隔绝相关刺激源，把注意力转入到一些能平和自己心境或振奋自己精神的事情及活动当中去。

## 怎么理解潜意识与心理疾病的关系？

弗洛伊德，精神分析的创立者，西方学者把他称为：改变现代思维的三个最伟大的犹太人之一。100多年前，他提出了潜意识，把潜意识的概念引入到意识心理学的盘踞领域。我们的意识仅仅是冰山一角而已，而潜意识却是深不可测的海底冰山。潜意识的逻辑运行是准确有序的，绝对没有出错的可能。潜意识是我们内心准则及抱负的策源地，是我们的审美趣味与其他理想的源泉。从古代的灵修书籍中就能够看出，古人很早就研究过潜意识，只是所使用的名称不同。

心理疾病的产生与潜意识有极大的关系，很多人都知道强迫症是一种极为顽固，很难治疗的心理疾病，强迫症发病与潜意识密切相关，强迫症患者的内心世界总是有某些心理历程在活动，而强迫动作只是其外在的表现。强迫性的动作是人在潜意识中实施的一些对付痛苦创伤的方法。强迫者的反复无意义动作都有它自己的特殊含义，只有当你明白它之后，症状才会有所减轻。如果想彻底释放潜意识中的负面能量，就必须采用森田疗法和催眠术综合治疗，用森田疗法来疏散内心冲突的能量，用催眠术导入正确的思想价值观，使它成为潜意识中的重要部分。强迫症患者没办法抑制自己的行为并反复重复动作。强迫性神经症的这些症状十分清楚地证明，在一个被完全隔离的特别区域里存在的心理活动既无人可知其来源，却又能抵御正常的精神思维对其所施加的一切影响，因此即便是在病人自己看来，也觉得它们像是来自另一世界的具有超强力量的恶魔。

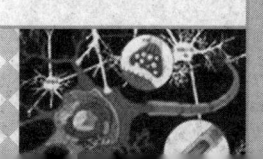

那么导致强迫意念冲动的究竟是什么呢？答案就是潜意识，潜意识里面的力量是十分强大的。正常的意识无法与之抗衡，在正常的意识和潜意识对抗中，内心便会产生冲突，比如说反复洗手，你的潜意识希望通过反复不停地洗手来释放它里面的无法容纳的能量，而你正常的意识再加以控制，所以内心挣扎激烈，产生了内在冲突，感到痛苦，只有当意识与潜意识协调一致时，你的内心才会得到平静。其实抑郁症、癔症等神经官能症的发病也是这个原因，都受潜意识能量的支配，都是正常意识与潜意识中的价值观相互冲突导致的。如此说来，很多人都不会喜欢潜意识，以为它只会制造麻烦，这肯定是错误的。任何事物都有两面性，不能片面而论。潜意识是中性的，并无好坏之分，潜意识不会争辩驳难，它并不曾设置防御。所以，如果它接受了错误的信息，恐惧、焦虑、贫乏、疾患、冲突等各种不安就会偷袭我们的心，就会出现无法摆脱的心理疾病。潜意识假如接收到了勇气、才气、信心、希望，便会发掘你的无限潜能，促使你走上事业巅峰。假如我们希望健康、强壮、充满活力，那么健康、强壮、充满活力的思想就理所当然地成为我们主导性的思想。我们做事便会从容不迫，尽善尽美。弹钢琴、打球、溜冰、老练的商业行为等种种完美的技巧，也统统取决于潜意识过程。

## 生活中如何正确地利用潜意识？

潜意识是我们内心准则及志向抱负的策源地，它也是我们的审美趣味和美好理想的源泉，所以我们要正确地利用潜意识。

现在流行的NLP技术、《第24课堂》、《万能的钥匙》等都与潜意识的利用相关，大家可能看到过这样一句话"你想成为怎样的人，

就使你成为怎样的人"。许多成功学大师都讲过这句话,只要你相信信念的力量,相信潜意识的能量,加上你坚持不懈地努力,总有一天潜意识会给你带来好运的。

有很多时候,我们社会角色的定位不受我们自身的控制。尤其是未成年人,常常会受到家庭和社会的影响。有些东西是有益的,有些却会对孩子一生造成伤害。在年幼的孩子心目中,父母就像上帝那样具有权威性,孩子没有其他模仿的对象,自然会把父母处理问题的方法全盘接受下来,并视为正确无误的。父母懂得自律自制及自尊自信,生活井然有序,孩子就会心领神会,并在生活中慢慢形成这样的性格。父母的生活混乱无理,任意妄为,孩子们一样照单全收,并视为不二法门。父母的不合理教育也会使孩子们形成一些错误的信念,直到这些错误行为、错误信念转变为潜意识的一部分时,就会严重影响到孩子未来的发展。

## 什么是时间错觉定律?

第二次世界大战将要结束时,一个叫罗勃的小伙子在海军服役,他曾经历过一次刻骨铭心的时间错觉感受。

他回忆:"1945年3月,我在中南半岛附近6英尺海下的一艘潜水艇上。我们从雷达上发现了一支日本舰队朝我们这边开过来。我们发射了五枚鱼雷,却没有击中它们。3分钟后,天崩地裂,六枚深水炸弹在四周炸开,把我们直压海底。深水炸弹不停地投下,整整用了15个小时,我吓得几乎无法呼吸,不断地对自己说'这下非死不可了!'那艘布雷舰直到用光了所有的炸弹才离开。就是这15个小时,在我的感觉里好像有1500万光年。"就是这恐怖的经验制造

了这么大的时间错觉。

时间错觉有这样一个特点：在一个时间周期内，人们的感觉基本上是前慢后快。比如，一个星期，前几天相对于后几天明显感觉慢，过了星期三，一晃便到了星期天。

因此有人说："年怕中秋日怕午，星期就怕礼拜三。"这种现象的原因在于：在一段时间的前期，总觉得后面时间很多，不着急；越到后来，就感觉时间不多，稍纵即逝，很匆忙。

人的一生也同样存在这种规律，童年时代总觉得时间很慢。等到老了，特别是过了三十岁，明显感觉时间快速流走，不可挽回。

其实，对于时间的错觉还有另外一个特点：做喜欢做的事情时间过得就快；反之，做不喜欢做的事情时间就过得如蜗牛爬。

爱因斯坦的相对论，也可以理解为时间的错觉。

我们平常所说的"欢乐嫌时短"、"寂寞恨悠长"、"光阴似箭"、"度日如年"，也是这种情况的真实表现。

所以，这个定律给了我们这样一个启示：时间并不像我们想象的那么无穷尽。在任何时候，珍惜时间都是必要的。

## 什么是叶克斯—道森定律？

夏朝的后羿是有名的神箭手。夏王听说后，对他很是赏识。某天，夏王把后羿召入宫中，准备领略他超乎常人的技术。后羿被带到御花园，在开阔地带，支好箭靶，夏王用手指着说："这个箭靶是你的目标。射中，就赏赐你黄金万镒；射不中，就削减你一千户的封地。"

后羿听了夏王的话，心情沉重起来。他慢慢走到离箭靶一百步

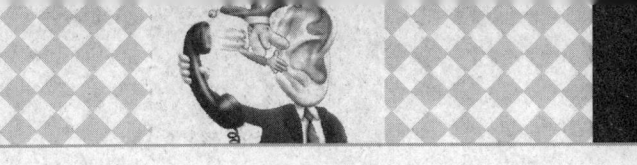

的地方,看着那个靶心想着黄金和封地,心潮起伏,难以平静。平时很简单的事情现在却难了起来,他的脚步显得相当沉重。结果,这一支箭出去,一向镇定的后羿呼吸变得急促起来,拉弓的手也微微发抖,最后箭钉在离靶心有几寸远的地方。

后羿平日射箭,在一颗平常心之下,没有精神压力,水平自然可以正常发挥。可是在夏王的赏罚之下,射出的箭却直接关系到他的切身利益,叫他怎么平静下来充分施展技艺呢?这也就证实了美国管理学家卢因说过的一句话:过度地追求目标,可能有损于行动及效率。

后羿的失手,心理学理论中的"叶克斯—道森定律"给了其准确完美的解释。

1980年,心理学家叶克斯和道森通过动物实验研究发现,随着课题难度的加大,动机最佳水平有逐渐下降的趋势,这种现象称之为叶克斯—道森定律。

后来的研究表明:个体智力活动的效率与其相应的焦虑水平之间存在着密切的函数关系,表现为一种倒"U"形曲线。即随着考试焦虑水平的加大,个体积极性、主动性以及克服困难的意志力也会随之增强,这个时候焦虑水平对效率可以起到促进作用。当焦虑水平为中等时,能力发挥的效率最高;但是当焦虑水平超过了一定限度时,过强的焦虑对学习与能力的发挥就会产生阻碍作用。

之后,人们就把这种曲线关系称之为叶克斯—道森定律。

道森定律揭示了紧张焦虑程度对能力发挥的影响的两面性,并告诉我们:轻度紧张,适度焦虑,会调动自己生理、心理的各方面

的积极因素，以应付紧急情况，有助于临场竞技水平的发挥。当然，如果过分紧张，焦虑过度，会出现上述精神疲劳及心理疲劳现象，严重地影响能力的发挥。

这个规律同时也告诉我们，我们对自己在某件事情上水平发挥的期待应该是适度的。在面临重大行动之际，切记要根据自己的实际能力和目标的相对难度来调节焦虑水平，可以通过模拟或参照以往的结果来剖析自我，判断行动的难度，然后量力而行。

## 什么是睡眠效应？

"睡眠效应"，是指在信源可信性下的传播效果会随着时间的推移而发生改变的现象。通俗地讲，传播结束后不久，高可信性信源导致的正效果在下降，而低可信性信源导致的负效果却朝向正效果转化。也有人称此现象为信息振幅效果定理。

心卡尔·霍夫兰是第一个开始系统研究睡眠效应的人。1946～1961年期间，他与合作者们就传播与态度的改变进行了一系列实验研究，就是我们所说的耶鲁计划，并于1953年出版了《传播与说服》一书。在涉及传播者的可信性问题方面，他们的假设是：不同可信度的信源将会影响受众对传播的感知及评价方式，也影响受众的意见及态度改变的程度。

## 什么是晕轮效应？

晕轮效应，又可称为"光环效应"，属于心理学范畴。晕轮效应，指人们对他人的认知评价首先是根据个人的好恶得出的，然后再根据这个判断推论出认知对象的其他品质的一种现象。假设认知

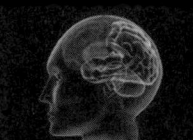

对象被标明是"好"的，他就会被"好"的光圈围绕，并被赋予一切好的品质；如果认知对象被标明是"坏"的，他就会被"坏"的光圈围绕，他所有的品质都会被顺理成章地认为是坏的。

这种强烈知觉的品质或者特点，如同月亮形式的光环一样，向周围弥漫、扩散，从而掩盖了其它品质或特点，所以，人们就形象地称之为光环效应。

有时候，晕轮效应会对人际关系产生积极作用，比如你对人诚恳、热情，那么即便你能力较差，别人对你也会十分信任，因为对方只看见你的诚恳。

举例来说，当我们看到某个明星在媒体上爆出某些丑闻时，总是非常惊讶，而事实上我们心中那个明星的形象根本就是她在银幕或者媒体上展示给我们的那圈"月晕"，他（她）真实的人格我们之前并不知晓，仅仅是推断的。

在学习生活过程中，为避免光环效应影响彼此之间的认识，应注意以下几点：

（1）切记不要过早地对新的老师、同学做出评价，要尽量在与他人的接触和了解中认识对方真实的性格和内在。

（2）及时注意自己是否全面客观地看待了他人，尤其是对有突出优点或者缺点的老师与同学。

（3）在与他人交往时，不要过分在意他人对自己的评价，要相信自己一定会获得他人的认可与理解。

（4）应当做好自己应该做好的每一件小事，如作业、作文、值日等等，尤其要注意处理好可能会给自己的形象造成较大影响的事情。

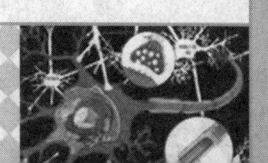

（5）要敢于展示自己，让更多的人了解自己的优缺点。

## 晕轮效应是怎么来的？

20世纪20年代，美国著名心理学家爱德华·桑戴克最早提出晕轮效应。他认为，人们对人的认知与判断往往只从局部出发，扩散从而得出整体印象，可以理解为以片盖全。一个人如果一直以来都挂着好的标志，那么他就会受到肯定，并被赋予一切都好的品质；如果一个人一直以来都挂着坏的标志，那么他就会从头到尾被否定，并被认为具有所有坏品质。这就仿佛刮风天气前夜月亮周围出现的圆环（月晕），实际上，圆环不过是月亮光的扩大化而已。因此，桑戴克为这一心理现象取了一个十分恰当的名称"晕轮效应"，也称作"光环效应"。

从心理学的角度来说，晕轮效应的形成原因，与我们知觉特征之一——整体性有关。我们在知觉客观事物的时候，并不是对知觉对象的个别或者部分属性孤立地进行感知的，而是倾向于把具有不同属性、不同部分、不同枝节的对象知觉为一个统一的整体。比如，我们闭着眼睛，只闻到香蕉的气味，或只摸到香蕉的形状，我们头脑中就形成了有关香蕉的完整印象，因为经验已经为我们弥补了香蕉的其他特征，如颜色（淡淡的黄）、滋味（软软的甜）、触摸感（质感柔软），等等。因为知觉的整体性作用，我们知觉客观事物就可以迅速而明了，"窥一斑而见全豹"，用不着逐个地知觉每个个别属性了。

对于人来说，知觉时的晕轮效应还在于内隐人格理论的作用。人的有些品质之间是有其内在联系的。就好像热情的人往往是对人

比较亲切友好，富于幽默感，肯帮助别人，容易相处；而冷漠的人则是较为孤独、古板、不愿求人，比较难相处。这样，对一个人来说只要有了"热情"或"冷漠"的一个核心特征，我们就会自然而然地去联想他另外的特征。此外，就人的性格结构来说，各种性格特征在每个具体的人身上总是相互联系、相互制约的。譬如，具有勇敢正直，不畏强权性格特征的人，往往在处世待人上会表现得襟怀坦白，敢作敢为，在外表上端庄大方，诚恳自然。而一个具有自私自利，欺软怕硬性格特征的人，则会在其他方面表现出虚伪阴险，心口不一，或者阿谀奉承，或者骄横跋扈。这些特征也会在举止表情上表现出来。所以，人们既可从外表知觉内心，又可从内在性格特征推断到对外表的评价上。这样就产生了晕轮效应。

### 什么是苏东坡效应？

苏东坡有诗云："不识庐山真面目，只缘身在此山中。"就是说人们对"自我"这个仿若自己手中的东西，往往很难正确认识；从某种意义上讲，认识"自我"比认识客观现实更困难。所以，"人贵有自知之明"。社会心理学家后来将人们难以正确认识"自我"的心理现象称之为"苏东坡效应"。

曾经有一位美国心理学家做过这样一个实验，证明了人的确容易拔高自己。他找来 25 个人，这些人比较熟悉，彼此也很了解各自的优缺点。实验者要求他们每个人分别根据 9 个标准：文雅、幽默、聪明、爱交际、讲卫生、美丽、自大、势利、粗鲁，对所有包括自己在内的人排名次。比如，有一个人自以为自己的文雅程度应该第一，可是把其他 24 个人在这方面给他评定的名次平均一下，他的

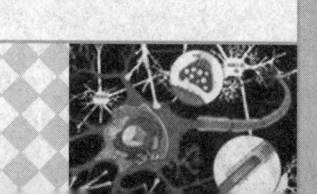

"文雅"程度却排到第二十几名。还有一个人,对自己"爱清洁"的特点的名次比他人给他的平均名次提前了5名,对"聪明"与"美丽"的程度的评价都提前了6名,而对于自己"势利"、"自大"、"粗鲁"程度的评定却比别人评的低,他自己定的名次比别人给他定的后退了6名。

这个实验足以说明,自我对优良品质的评价通常比别人的估计高,对不良品质的自我评价却总是比别人的估计低,其实就是说每个人都容易拔高自己。明白了这些,我们就可以明白,为何要谦虚谨慎,戒骄戒躁。这其实是为了克服我们有意无意地拔高与美化自己的倾向,使我们可以更科学、客观、公正、全面地评价自己。

"不识庐山真面目,只缘身在此山中。"自己明明就站在这座山中,却偏偏不知道山的真面目。明明自己就拥有"自我",却偏偏不自悟,或者仅是个模棱两可的认识。这就是一种社会心理效应:"苏东坡效应"。

对自我的认识,就像观察所有事物的方法一样,不妨近些,再细致些。

不过,假如过于贴近去看,又只盯住一处,就不能全面整体地看待了。看画如此,看人亦然。鲁迅先生说何为没人,若用放大镜照她搽粉的臂膊,也会只看见皮肤的褶皱及褶皱中的粉和泥的黑白画。名作与美人尚且如此,更不必说平常的作品与普通的人们了。对自我的认识,一定要远近适宜。

### 什么是巴纳姆效应?

人们通常以为一种笼统的、一般性的人格描述非常准确地揭示

了自己的特点，心理学上将这种倾向称之为"巴纳姆效应"。

巴纳姆效应也称福勒效应，它最早是由心理学家伯特伦·福勒于1948年通过试验证明的。

爱因斯坦儿时非常贪玩，他的母亲经常为此忧心忡忡。母亲的再三告诫对他来说如同耳边风。直到16岁那年的某一天，父亲将正要赶去河边钓鱼的爱因斯坦拦住，并给他讲了一个改变其一生的故事。

这个故事是这样的：爱因斯坦的父亲与邻居杰克大叔去清扫南边的一个大烟囱，那烟囱只有踩着里面的钢筋踏梯才能上得去。杰克大叔在前面，爱因斯坦的父亲在后面。他们抓着扶手一阶一阶的终于爬上去了，下来时，杰克大叔依旧走在前面，爱因斯坦的父亲还是跟在后面。钻出烟囱，他们发现了一件奇怪的事情：杰克大叔的后背、脸上全被烟囱里的烟灰蹭黑了，而爱因斯坦的父亲身上竟连一点烟灰也没有。

爱因斯坦的父亲继续缓缓地说，他看见杰克大叔的模样，心想自己的脸一定也脏得像个小丑，于是就到附近的小河里去洗漱一番。而杰克大叔呢，他看爱因斯坦的父亲钻出烟囱时干干净净的，就以为他也不脏，洗洗手就上街了。结果，街上人就把杰克大叔当外星人了。

笑完之后，爱因斯坦的父亲对他说："其实别人谁都不能做你的镜子，只有自己才是自己的镜子。拿别人做镜子，白痴也许会把自己照成天才的。"

在日常生活中，我们不能每时每刻反省自己，也不可能总把自己放在局外人的地位来解释自己，从而只能借助外界信息来认

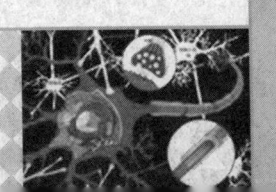

识自己。所以，每个人在认识自我时就很轻易受到外界信息的提示，迷失在环境当中，受到周围信息的暗示，并把他人的言行作为当做自己的参照。"巴纳姆效应"讲述的就是这样一种心理倾向，就是说人很容易受到来自外界信息的暗示，以至于出现自我知觉的偏差，认为一种笼统的、一般性的人格描述十分准确地揭示了自己的特点。

要避免巴纳姆效应，客观全面真实地认识自己，有以下几种途径：

首先，要学会面对自己。有这样一个例子：当一个落水昏迷的女人被救起后，醒来时发现自己一丝不挂，第一个反应会是捂住什么呢？答案是：大叫一声，用双手捂着自己的眼睛。

那么，从心理学上讲，这是一个典型的不愿面对自己的例子。因为自己有"缺陷"或者自己认为是缺陷，就把自己掩盖起来。

其次，培养自己收集信息的能力及敏锐的判断力。没有多少人天生就拥有明智与审慎的判断力。

有这样一种说法，"成功时认识自己，失败时认识朋友"，这固然有一定的道理，但归根结底，我们需要认识的都是自己。不管是成功还是失败，都应坚持辨证的观点，不忽视长处与优点，同样认清短处与不足。

### 什么是认知失调理论？

认知失调理论是指个体认识到自己的态度之间或者态度与行为之间存在着矛盾。

认知失调理论属于认知一致性理论，费斯廷格最早提出来这一理论。费斯廷格认为，所谓的认知失调即指由于做了一件与态度不一致的行为而导致的不舒服的感觉，譬如：你本来好心想帮助你的朋友，实际上却帮了倒忙，越帮越忙。费斯廷格认为，一般来说，人们的态度与行为是一致的，比如，你和你喜欢的人一起郊游，却不理睬与你有过节的另一个人。但某些时候态度与行为也会出现不一致，譬如尽管你很讨厌你的上司夸夸其谈，但为了怕他报复，你还是要恭维他。

在态度与行为产生不一致的时候，常常会引起个体的心理紧张。为了克服这种由认知失调引起的紧张心理，人们需要采取不同的方法，以减少自己的认知失调。就说戒烟，你很想戒掉你的烟瘾，但当你的好朋友给你香烟的时候你还是接受了，这个时候你戒烟的态度和你抽烟的行为产生了矛盾，引起了认知失调。

我们基本上可以采用以下几种方法减少由于戒烟而引起的认知失调：

（1）改变态度。

改变自己对戒烟的观点，使其与以前的行为一致（我喜欢吸烟，我不想真正戒掉）。

（2）增加认知。

如果两个认知不一致，可以通过增加更多一致性的认知来减少失调（吸烟让我放松和保持体型，有利于我的健康）。

（3）改变认知的重要性，让一致性的认知变得重要，不一致性的认知变得不重要（放松和保持体型比担心30年后患癌症更重要）。

（4）减少选择感。

让自己相信自己，之所以做出与态度相反的行为是因为自己没有选择（生活中有如此多的压力，我只能靠吸烟来缓解，别无他法）。

（5）改变行为。

使自己的行为不再与态度有冲突（我将再次戒烟，就算别人给也不再抽烟）。

## 什么是卢维斯定理？

卢维斯定理是由美国心理学家卢维斯提出的，意为：谦虚不是把自己想得很糟，而是完全不想自己。

我国古代著名的大思想家、教育家孔子，他虽然学识渊博，但从不自满。他周游列国时，在去晋国的路上，遇到一个七岁的孩童挡住其去路，一定要他回答两个问题才肯让路。首先是：鹅的叫声为什么大。孔子答道：因为鹅的脖子长，因此叫声大。孩子问：青蛙的脖子很短，为什么叫声也那么大呢？孔子无言以对。他惭愧地对学生说，他不如孩童，可以拜孩童为师了。

即便是圣人，在他专长的领域之外，也要保持谦虚的态度，把自己放在最低的位置。

拿管理学来说，管理这门学问并不一定只有天才才可以掌握，普通人也可以。每一个不完美，每一个充满这样那样缺点的人都可以掌握学问。用管理学大师杜拉克的话来解释："假如一个组织需要天才或超人管理的话，那么它就不会生存下去。一个组织必须有这样一个形式：在一个由普通人组成的集体领导下才能够正常地运行。"

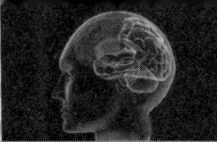

管理者要多听取最基层员工的意见，要虚怀若谷，多方调节好心态，多信任下属，抱有实事求是的态度，用联系的、全面的观点看待事情。沟通是合作的基础，管理者必须懂得运用沟通的方法，保证来自同事及下级的最大限度的合作。拒绝沟通，其实就意味着拒绝与别人的合作。在企业管理中，善于与人沟通的人，必定是善于与人合作的人；不善于与人沟通的人，也必定是不善于与人合作的人。善于与人沟通的管理者，能用诚意得到下属的支持与信任，即使管理比较严厉，下属也会谅解并认真地执行；不善于与人沟通的管理者，即使命令再三，下属也不情愿接受，其结果必然延误工作。

### 什么是布利丹效应？

　　布利丹效应又叫做布利丹毛驴效应。

　　布利丹效应来源于一个外国成语。14世纪，法国经院哲学家布利丹，在一次议论自由问题的回忆上讲了这样一个寓言故事："一头饥饿无比的毛驴站在两捆一模一样的草料中间，可是他却一直犹豫不定，不知道应该先吃哪一捆才好，结果活活被饿死了。"由这个寓言故事得到了成语"布利丹驴"，被后人用来比喻那些优柔寡断的人。后来，人们通常把决策中犹豫不决、难作决定的现象称为"布利丹效应"。

　　以现代企业为例，企业必须果断地抓住商机，确定新的前进方向，集中所有资源不遗余力地向新方向努力，这是一位优秀决策者必须有的前瞻性能力。

　　"看清了再做"其实是一种理想状态，不会在现实决策中出现，因为当你看得十分清楚的时候，所有的竞争对手都可能看得很清楚了，那么这个战略方向就不会是成功的契机了。所以，大致看清楚一个方向的时候，企业就应该全力进取，才能够有所突破。

其实，在没有真正进入新方向之前，没有人可以准确地看清前行的道路，为了抓住机遇，企业必须做出果断的选择。很多时候，企业甚至需要进行一场"赌博"，这是企业最高决策者义不容辞的一项责任。

大赌有赢，必然也有输。但假如长时间犹豫不决，代价可能更大。格鲁夫在回忆英特尔转型时讲到："路径选错了，你就会灭亡。但是绝大多数公司的倒闭，并不是由于选错路径，而是由于三心二意，在优柔寡断的决策过程中浪费了宝贵的时间，错过了良机。"因此最危险的莫过于原地不动。选择可能是错的，但是不选择的代价会更高。严重地说，后者无异于一种慢性自杀。随着竞争的损耗，企业的资源越耗越薄，选择的空间也随之减少。

## 什么是路径依赖原理？

路径依赖原理是美国经济学家道格拉斯·诺思第一个提出的，意思是，只要人们做了某种选择，就好比走上了一条不归之路，惯性的力量会使这个选择不断自我强化，并且让你不能轻易走出去。

道格拉斯·诺思因为用路径依赖理论成功地阐述了经济制度的演进规律，从而获得了1993年的诺贝尔经济学奖。

诺思提出，路径依赖类似于物理学中的"惯性"，一旦进入

某一路径（不管是"好"的还是"坏"的）就会对这种路径产生依赖。某一路径的已定方向会在以后发展中得到自我强化。人们过去做出的选择很大程度上影响了他们现在及未来可能的选择。好的路径会对企业起到正反馈的作用，通过惯性及冲力，产生飞轮效应，企业发展从此进入良性循环；不好的路径会对企业起到负反馈的作用，形成恶性循环，企业可能会被锁定在某种无效率的状态下浪费资源。而这些选择一旦进入锁定状态，想要脱身就会变得非常困难。

现代铁路两条铁轨之间的标准距离是四英尺又八点五英寸，为何采用这个标准呢？其实，早期的铁路是由造电车的人所设计的，而四英尺又八点五英寸正是电车当时所用的轮距标准。又问，电车的标准是从哪里来的呢？最先造电车的人最初是造马车的，所以电车的标准是根据马车的轮距标准而来的。马车又为何要用这个轮距标准呢？那是因为古罗马人军队战车的宽度就是四英尺又八点五英寸。罗马人为何以四英尺又八点五英寸为战车的轮距宽度呢？其实，这是牵引一辆战车的两匹马屁股的宽度。

值得一提的是，美国航天飞机燃料箱的两旁分别有一个火箭推进器，因为这些推进器造好之后要用火车运输，路上还要通过一些隧道，而这些隧道的宽度仅仅比火车轨道宽一点，所以火箭助推器的宽度由铁轨的宽度所决定。因此，今天世界上最先进的运输系统的设计，可以追溯到两千年前两匹马的屁股宽度！

关于习惯的一切理论，其实都可以用"路径依赖"来解释。它告诉我们，要想路径依赖的负面效应不起作用，那么在最初就要找准一个正确的方向。每个人都有自己的基本思维模式，这种模式很

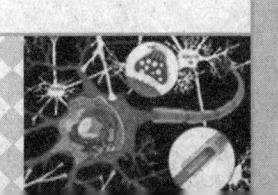

大程度上会影响你未来的人生道路。而这种模式的基础，其实是源自于童年时期的。做好了你的第一次选择，你就为自己的人生设定了一条路径。

### 什么是酸葡萄心理？

狐狸饥饿难耐，看到葡萄架上晶莹剔透的一串串葡萄，想摘又摘不到，临走时自言自语地说："葡萄肯定是酸的"。这则寓言在人们之间广为流传。后来心理学中也就有了"酸葡萄心理"这个术语，用来解释合理化的自我安慰，它是人类心理防卫的一种方式。

生活中，我们也会有那只狐狸的境遇与心态，当得不到的时候，就找理由丑化它。譬如某学生没有被自己梦求的大学录取，而考取了一所一般大学，就会在心里安慰自己，没考上名牌大学也好，那里竞争激烈，学习再刻苦也不能突出，而在一般大学学习，说不定我轻轻松松地读书就可名列前茅，还能拿到奖学金。又比如说，一名普通干部在竞争部门经理一职中落选了，心里很不是滋味，后来就安慰自己：职务越高，职责越重，当个平民百姓可以逍遥自在，还可以有充裕的时间钻研业务。这样一来，他情绪很快恢复常态，不再烦恼。

"酸葡萄心理"是由于自己真正的需求没有得到满足而产生挫折感时，为了解除内心困惑，编造一些"理由"自我安慰，以消除痛苦，减轻压力，使自己从不满、郁闷等消极心理状态中解脱出来，保护自己免受伤害。

### 什么是出丑效应？

曾经有一位著名的心理学教授做过这样一个试验：他把四段情

节类似的访谈录像分别放给他准备要测试的人群中。第一段录像，接受主持人访谈的是个非常优秀的成功人士，他在自己的事业上取得了很辉煌的成就，在接受主持人采访时，他的态度非常自然，谈吐优雅，表现得十分自信，不时地赢得台下观众的阵阵掌声；第二段录像，接受主持人访谈的同样是个十分优秀的成功人士，不过他在台上的表现略带羞涩，在主持人向观众介绍他所取得的成就时，他看起来很紧张，竟然不小心把桌上的咖啡杯碰倒了；第三段录像，接受主持人访谈的是个十分普通的人，他没有做过什么特别的成绩，所以整个采访过程中，他虽然不太紧张，但却也没有什么吸引人的发言，一点也不出彩；第四段录像，接受主持人访谈的也是个很普通的人，在采访的过程中，他表现得特别紧张，把身边的咖啡杯弄倒了，淋湿了主持人的衣服。当教授向他的测试对象放完这四段录像时，让他们从上面的这四个人中选出一位他们最喜欢的和最不喜欢的的对象。

而测试结果是：最不受测试者们欢迎的当然是第四段录像中的那位先生了，几乎所有的被测试者都选择了他，可出乎意料的是，测试者们最喜欢的不是第一段录像中的那位成功优雅人士，而是第二段录像中打翻了咖啡杯的那位，有95%的测试者选择了他。

这个实验说明了心理学里著名的"出丑效应"，也称"仰巴脚效应"。就是对于那些取得过突出成就的人来说，某些微小的失误，不但不会影响人们对他的好感，反而，还会让人们从心理感觉到他很真诚，值得信赖。而如果一个人表现得太过于完美，我们从外面看不到他的任何缺点，反而会让人觉得不够真实，恰

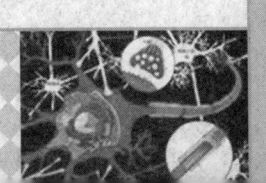

恰会降低他在别人心目中的诚信度。因为一个人不可能是没有任何缺点的，即便别人不知道，他心里对自己的缺点也可能是心知肚明的。

人们更喜欢优秀且真诚、值得信任的人，假如一位一直令人尊敬的企业领袖人物当众犯了一点小错误，想想如果你是他公司的员工，你会因为这个小小失误而对他的印象大打折扣吗？当然，这一切发生的前提就是这个人本身非常优秀且值得尊敬，他至少应该留给别人非常好的第一印象，否则会适得其反。管理者们，如何让员工更加信任你，并不是得高高在上，做个没有缺点的人，有时侯犯点无伤大雅的小错误，反而更可爱，会让员工更加喜欢你，更加信任你。

### 什么是视网膜效应？

所谓视网膜效应就是当我们自己拥有一件东西或者一项特征时，就会比一般人更会注意到别人是否跟我们一样具备这件东西或这个特征。

很久以前，卡内基先生就提出这样一个论点，那就是每个人的特质中大约有80%是长处或优点，而20%左右就是我们的缺点。假如一个人只知道自己的缺点是什么，却不知发掘优点时，"视网膜效应"就会促使这个人发现他周围同样有这样缺点的人，从而使得他的人际关系无法改善，生活得不到快乐。你有没有发现那些常常骂别人很凶的人，其实自己脾气也很糟糕？这就是视网膜效应的影响力。

"金无足赤，人无完人"，"尺有所短，寸有所长"，人与人之间

的交往，应当更多地关注别人的优点与长处，企业用人也应该"用其所长、避其所短"。

不过现实生活中，"情人眼里出西施"，很多要么一好全好，要么一坏全坏，成了"王八看绿豆，越看越好看"！

任何事物的存在都是有两面性的，一具风干的尸体，在普通人眼里就是一堆可怕的白骨，可在考古学家眼里，却有不可忽略的价值。

这些现象都是心理学中所说的"视网膜效应"。

成功学中有这样一句话：改变缺点不会导致成功，发挥优点才可以获得成功。

在企业的运作与经营过程中，经理人要学会关注员工身上优秀的特质，并有效地支持鼓励他们，才能发挥优点的潜能，直到获得更大的成功。

就像英国文学家萨克雷先生所说的：生活好比一面镜子，你对它哭，它就对你哭；你对它笑，它就对你笑！

只有当我们笑着面对这个世界时，这个世界才会笑着回应我们。包容自己的缺点，肯定自己的优点，以一种欣赏的眼光面对身边的一切，我们的生活才会更快乐！

若要改善自己的人际关系，让大家都喜欢你，那一定要欣赏自己与肯定自己。因为在"视网膜效应"的运作下，一个人只有看到自己优点，才有能力看到他人的可取之处。能用积极的态度看待他人，往往是良好人际关系的必要条件。因此，从现在起，学习欣赏自己的优点与长处吧！

## 什么是鸟笼效应？

近代杰出的心理学家詹姆斯发现了著名的鸟笼效应这一心理现象。1907年，詹姆斯和他的好友物理学家卡尔森从哈佛大学同时退休。一天，两人打赌。詹姆斯说："我肯定会让你不久后就养上一只鸟的。"卡尔森不以为然："我不信！因为我从来都不喜欢鸟。"没过几天，恰逢卡尔森生日，詹姆斯送上了自己的礼物——一只精致的鸟笼。卡尔森轻笑："我只当它是一件漂亮的工艺品，你别指望我会就范。"从此以后，只要客人来访，看见书桌旁那只空荡荡的鸟笼，他们几乎都会疑惑地问："教授，你养的鸟去了哪里，死了吗？"卡尔森只好一遍遍地向客人解释："我其实从来就没有养过鸟。"不过，这种回答只会让客人更加困惑。无奈之下，卡尔森教授也只好买了一只鸟，詹姆斯的"鸟笼效应"奏效了。实际上，在我们的身边，包括我们自己，很多时候都是先在自己的心里挂上一只笼子，然后再顺其自然地朝其中填满一些东西。

"鸟笼效应"是一个很有意思的规律，它讲的是：假如一个人买了一个空的鸟笼放在自己家的客厅里，过不久，即便他不会买一只鸟回来，也会丢掉这只鸟笼，或者把它放置在别人看不到的地方。原因很简单：即使这个主人长期对着空鸟笼不以为然，但每次来访的客人都会惊讶于这个空鸟笼，或者把怪异的目光投向主人。他不愿意忍受每次都要进行解释的麻烦，就会丢掉鸟笼或买只鸟回来相配。经济学家解释说，这是因为买一只鸟比解释为什么有一只空鸟笼要来得简便。即便没有人来问，或者不需要加以解释，"鸟笼效应"也会造成人的一种心理上的压力，使其主动去按照鸟笼效应的

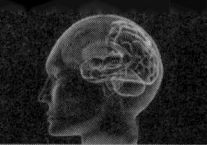

规律去选择。

"鸟笼效应"也叫做"空花瓶效应",还有一个故事,一个女孩的男朋友送了她一束花,她很开心,特意让妈妈从家里找来一只水晶花瓶,结果为了不让这只美丽的花瓶空着,她的男朋友就必须隔三差五地送花给她。当然,这是此效应的一种甜蜜体现。

这个规律对于企业也可以说明很多问题,对整体而言,它可以说明企业的战略方法应该与能力相匹配,很多时候应该"顺势而为",企业有多大能力,多少资源,往往就决定了战略的大方向。

### 什么是蔡戈尼效应?

人们天生有一种做事有始有终的驱动力,之所以人们会忘记已完成的工作,是因为欲完成的动机已经得到满足;假如工作尚未完成,这同一动机就会使他对此留下深刻印象。

1927年,心理学家蔡戈尼做过这样一个实验:将受试者分为甲乙两个组,同时演算相同的数学题。其间让甲组顺利演算完毕,而乙组在演算中途,突然被下令停止。然后让两组分别回忆演算的题目,乙组却明显优于甲组。这种未完成的不爽深刻地留存在乙组人的记忆中,不曾忘记。而那些已完成的人,"完成欲"已得到了满足,便轻松地忘记了任务。

这种解答未遂的问题,深刻地残留在记忆中的心态叫蔡戈尼效应。

某人突然喜欢上了编织。每天下班回到家,第一件事情就是拿

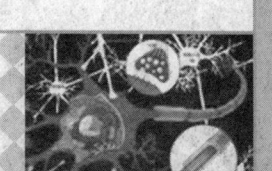

起编织针,认真地编织,尽管只是重复动作,却也陶醉其中,即便中途有别的事情打断,只要有机会,就能接上继续。

这是"蔡戈尼效应"中人天生的有始有终驱动力在心里捣乱。一日任务不完成,一日不解"心头恨"。对于正常人来说,做任何事都需要一定的"蔡戈尼效应",它是推动完成工作的重要驱动力。

但是,"蔡戈尼效应"把握不好就会导致走极端。

这两个极端都需要在心理上稍稍调理。

如果你"蔡戈尼效应"过强,那么很有可能你就是一个工作狂。一般来说,这样的人性格也比较偏执、自主、坚定,忙于完成任务的紧张生活必定充满苦趣,太狭窄,太单一。

如果你"蔡戈尼效应"过弱,你一定时常做事半途而废。

## 什么是希望效应?

心理学家从大量的研究中发现:在经受危险情境时,经常是那些性格乐观、富于自信的人存活下来,因为他们总是不放弃自己的希望。这称之为心理学中的希望效应。

希望感是人类能够生存下来的根本欲望。某些刚刚步入社会及人生之路的青年,却过早地结束了自己的生命,绝大多数是因为对生活感到失望甚至绝望。而一个对生活有希望的人,即便环境再艰难,他都会发挥同环境相抗衡的能力,在改造环境中改善自己的生存条件及地位。

希望是领导者能够给予周围人的最好礼物。希望的力量不可低估。在人们自己寻找不到希望时,领导者需要为他们指出希望。唯有怀有希望,人们才会继续工作和努力。"希望"提高士气,"希

望"改进自我形象，"希望"不断给予力量。领导者的责任之一就是保持希望，并向员工灌输。只有在领导者给予他们希望时，他们才会有信心。切记：没有绝望的境况，只有绝望的人。

## 什么是马太效应？

《新约马太福音》提到这样一个故事。国王很富有，在出行前给了三个仆人每人一锭银子，他回来后第一个仆人用一锭银子赚了十锭银子，第二个仆人用一锭银子赚了五锭银子，他分别又给了他们十锭和五锭银子。而最后一个仆人还是原来的一锭银子，没有赚，国王把他的一锭银子也给了第一个仆人。这就是说赚得多的会得到更多，赚得少的就连原有的也要被拿去。

后来马太效应又被扩展为另外一种解释，概括了一种社会现象：良好的声誉总是给那些原本声名显赫的研究者，他们会越来越知名，相反，不知名的永远都得不到这个美好的赞誉。类似于生活中存在的一种现象，强者愈强，弱者愈弱；富者愈富，穷者愈穷。

马太效应产生的名誉终生，激发了无名者的欲望心理，激发了其创造财富，积极上进的理念，因此有其积极地一面。

## 什么是禁果效应？

"禁果效应"又可称"罗密欧与朱丽叶效应"，就是说越是禁止去做的事情越是激发人的探知欲，然而往往其结果并没有憧憬的那么完美。生活中这样的事情屡见不鲜，愈想要隐藏的事情愈让人捉摸不透，愈具有神秘色彩，愈让人不达目的不罢休。

"禁果"一词来源于《圣经》，夏娃被智慧树的禁果吸引而偷吃禁果被贬下凡间，后比喻男女初尝人事。通俗地讲，"禁果效应"就是当外界迫使我们无法随心获取自己想要的信息时，往往会对本来并没有多大欲念的信息产生强烈的求知欲，然后就迫使施压者和被禁止者直接的隔阂愈加拉大。

这个禁果就是给大众提出了一种昭示，一种引诱，提供了愈想获知的心理基础。生活中禁果效应屡见不鲜，比如有一些网吧命令标出：未成年不能入内。其实就是在给未成年人一个信号，一个探求的欲望。相关专家表明：关于性的知识不应该对青少年讳莫如深，应该进行正确的疏导和教育，使他们意识到性并不是一个神秘淫秽的东西，而是人的自然反应，再正常不过，并不丢人也不应当隐晦避谈。

特别是遇到公众信息，就是因为其不确定，不坚信，不肯定，不理解，才导致了大家在无法探求和极大的探求欲中进行挣扎，并增强其获得信心的坚定性。

就如同被明令禁出的书刊及禁播的影视，都是因为相关部门相关人群的阻挠，赋予了这些信息神秘的色彩，才有那么多人通过不同的渠道和方式去探个究竟。这就是禁果效应直接导致的后果。

## 什么是蝴蝶效应？

20世纪60年代初，美国气象学家洛伦兹提出蝴蝶效应。传说中南美洲亚马逊河流域的热带雨林中有一只蝴蝶，因为偶尔扇动下翅膀，就可能导致美国德克萨斯引起一场大的龙卷风。追溯原因是因为蝴蝶扇动翅膀的运动导致了微弱气流的产生，而这个微弱气流又

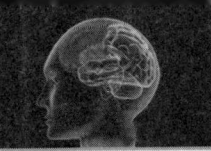

影响到周围的空气流动和其它系统产生相应的变化，那么这样连锁反应下去，就导致了整个气流系统的极大变化。

因为输入微小的差别，而导致输出极大的端倪。此效应说明，事物发展的结果，极大的依赖于初始条件，因为初始条件小小的偏差而引起极大的差异。微小的差别难以避免，如打球、下棋，"差之毫厘，失之千里"。又如天气预报总是不能够那么准确无误，因为毫厘差距计算，导致了结果的不准确性和不确定性。

蝴蝶效应让很多人着迷、激动、思考，是因为它不但有其神秘的想象色彩，更在于其深刻的科学内涵和有理有据的哲学魅力。

早在中国，1300多年前《礼记经解》中就有云："君子慎始，差若毫厘，谬以千里。"那么"蝴蝶效应"正是印证了这个哲学思想。

初始条件的稍不留神就会直接影响到整个全局。所以不管是平凡人做事，还是领导人管理，都要防微杜渐。

今天的企业，成功者无不是在每一个员工的共同努力下打造品牌，也是在争取大多数客户的满意而赢得的品牌效益。如果稍有不慎就不仅是亏损，而是一个品牌在市场的生存与否。

### 什么是恐惧心理？

所谓恐惧心理，就是在真实和想象的危险中，对某些景物、某些对象、某些事件感受到的压抑无法排解的状态。民俗学上讲男性和女性的恐惧心理并不一样，专家解释，由于原始生活习惯的不同，在猿猴刚刚蜕变成人的时候，女人要睡在树上，男人要睡在树下保护她们。因此，男人的恐惧感通常来自于身边的威胁，而女人的恐惧感则来自于身下。这足以说明，恐惧心理是人类与生俱来的，跟随血液根深蒂固的，所以没有人能逃脱恐惧心理。

学生突然在课堂上被老师提问，因为平时不怎么回答问题，所以导致即使这个问题会，也会出现口吃、手足无措、脸红的状况。军人在缺乏社交场合锻炼、涉世未深的情况下与敌人交锋，就会出现紧张害怕的心理。一般来说内向的人容易出现胆怯心理。还有一种是"一朝被蛇咬，十年怕井绳"。人在其大脑中形成了一种害怕意识，每当这个事物出现时就会唤起内心的恐惧。

克服恐惧心理主要是通过自身对事物的认知能力，当主观清醒地认识到客观世界的某些规律和正常性时，就会建立正确的识别方法，提高认识世界的主观能动性。通过学习和改变自己，增强自己的心理承受能力，在面对突发情况时做好思想准备，用英雄的事迹鼓舞自己要机智应对，不可以惊慌失措，唯唯诺诺。

一个女生，她胆子非常小，但是面对一般女孩都害怕的老鼠蟑螂，她却不害怕。她十分怕黑，晚上不敢一个人出门，面对黑暗头脑里总会出现烧杀抢劫的画面，最后越想越害怕，甚至出现心律不齐、脸色苍白、手脚发抖的情况。她还不能看到别人受伤，甚至听到别人说疼痛的感觉就会没有办法控制自己。

其实这都是恐惧心理在作怪，提高对客观事物的认知，和对心理进行正确引导都是必不可少的。

## 什么是刺猬效应？

"刺猬效应"来源于西方的一则寓言，在寒冷的冬天里，两只刺

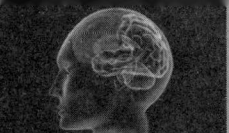

猬要相依取暖，一开始由于距离太近，各自的刺将对方刺得鲜血淋漓，后来它们调整了姿势，相互之间拉开了适当的距离，不但可以互相之间取暖，而且很好地保护了对方。

其实这就是心理学上的刺猬效应。刺猬效应反映的是人际交往中的心理距离效应：每个人都需要在自己的周围建立一个自己可以掌控的空间，它就像一个无形的"气泡"一样为自己"割据"了一定的"区域"。

教育心理学家根据这一寓言得出了教育心理学上著名的"刺猬效应"。这一效应的原理是：教育者与受教育者之间只有保持适当的距离，才能取得良好的教育效果。然而在实践中，不少老师将这一"效应"误解，结果教师与学生之间的距离太大，学生失去了温暖感，产生了疏离感，因此，教师的教育效果不可能好。

一位心理学家做过这样一个测试：在一个刚刚开门的大阅览室里，当里面只有一位读者时，心理学家进去拿椅子坐在他的旁边。试验进行了整整80人次。结果表明，在一个只有两位读者的空旷的阅览室里，没有一个实验参与者能够接受一个陌生人紧挨自己坐下。当心理学家坐在他们身边后，实验参与者不知道这是在做实验，更多的人很快就默默地离开去别处坐下，有人则干脆明确表明："你想干什么？"

刺猬效应讲述的就是人际交往中的"心理距离效应"。运用到管理实践中，领导者如果要搞好工作，应该与下属保持亲密关系，但这是"亲密有间"的关系，是一种不远不近的适当合作关系。与下属保持心理距离，可以避免下属的戒备和紧张，可以抑制下属对自己的恭维、奉承、送礼、行贿等行为，可以防止与下属称兄道弟、

吃喝不分。这样既可以获得下属的尊重，又能保证在工作中不丧失原则。一个优秀的管理者，要做到"疏者密之，密者疏之"。

## 什么是蜕皮效应？

蜕皮效应指的是只要能不断超越自己，你终能取得成功。

每个人都有一定的安全区，你想跨越自己目前的成就，就不要划地自限。只有勇于接受挑战，充实自我，你才会超越自己，发展得比想象中更好。

这个效应告诉人们只要不断超越自己，终能取得成功。

蜕皮效应来源于动物界，在动物界里，有许多节肢动物和爬行动物，生长期间旧的表皮脱落，由新长出的表皮来代替，通常每蜕皮一次就长大一些。因此，人们借用这种现象来说明人类的发展过程。个人的进步和发展，实际上就像节肢动物一样，只有蜕掉原来束缚自己的那层皮，才能真正提高。

一般情况下，对自己或对工作不满的人，首先要把自己想象成理想中的自己，并且拥有极好的工作机会。然后忘掉现在的自己，摆脱束缚，再假定现在的自己和工作就和想象的一样，再采取行动。如果耐心地进行这种自我改造，就能发挥个性中本来具有的强大的精神力，使自己和工作完全按照理想的样子发生改变，从而取得改变，走向成功。